Gerd Ammelburg · Rhetorik für den Ingenieur

ERFOLG IN BERUF UND ALLTAG

# Rhetorik für den Ingenieur

## Gerd Ammelburg

**Fünfte Auflage**

Die Deutsche Bibliothek – CIP-Einheitsaufnahme

**Ammelburg, Gerd:**
Rhetorik für den Ingenieur / Gerd Ammelburg. - 5. Auflage - Düsseldorf: VDI-Verlag, 1991
   Erfolg in Beruf und Alltag)
   ISBN 978-3-540-62139-3       ISBN 978-3-662-00872-0 (eBook)
   DOI 10.1007/978-3-662-00872-0



ISBN 978-3-540-62139-3

# Geleitwort

Rhetorik für den Ingenieur. — Diese Aussage impliziert eine Art
Sonderbehandlung für eine spezielle Berufsgruppe. Unterscheidet
sich denn deren Rhetorik, d.h. genaugenommen die Handhabung
rhetorischer Ausdrucksformen und -mittel, so wesentlich von
der Rhetorik anderer Berufe? Sehr generalisiert betrachtet sicherlich, wenn man die üblichen Kommunikationsgewohnheiten der
Ingenieure analysiert.

Ingenieure bedienen sich besonderer Symbole: Netzpläne, Tabellen, Grafiken, Zeichnungen u.a. Die Zeichnung ist die Sprache
der Techniker! Unvergessen und verpflichtend ist für mich dieser Leitspruch aus meiner eigenen Ausbildung zum Ingenieur.
Diese Art der Kommunikation mit Symbolen reduziert die
verbale Kommunikation. Man versteht sich, ohne daß viel Worte
gemacht werden. Aber Ingenieure, mit ihrer so ausgeprägten
Fähigkeit zu abstrahieren, müssen sich als Manager, als Team-
mitglieder oder als Pädagogen auch auf Kommunikationspart-
ner einstellen, die andere Denkstrukturen repräsentieren, die
z.B. die Gabe haben, in Analogien zu denken, die aber auch der
Anschauung bedürfen.

Wenn Ingenieure in ihrer Rhetorik keine Sprachbarrieren auf-
bauen wollen, werden sie sich zum Beispiel bemühen müssen,
nicht nur Fachtermini zu vermeiden, sondern auch abstrakte
Sachzusammenhänge anschaulich darzustellen.

Ich selbst weiß, daß dies lernbar ist, und leite eine permanente
Nutzanwendung aus dem ab, was ich einst in einem Rhetorik-
seminar bei Gerd Ammelburg gelernt habe.

V

Seit mehr als 20 Jahren kenne ich sein berufliches Wirken, mir ist sein gedankliches und instrumentales Konzept vertraut und ich bin — was mir noch wichtiger erscheint — von der erfolgreichen Umsetzbarkeit überzeugt.

Ich begrüße es daher sehr, daß er nun seinen beiden Rhetorikbüchern ein Kompendium für die Ingenieure als gezielte Adressatengruppe folgen läßt.

Als Ingenieur und als Manager im Bereich Personal- und Organisationsentwicklung weiß ich um die Bedeutung effektiver Kommunikation als Führungsaufgabe. Wirksame Beherrschung der Rhetorik und Gesprächsführung sind Schlüssel zum Erfolg.

Dieses Buch gehört daher nicht nur in die Hand von Ingenieuren, die bereits als Führungskräfte oder Spezialisten tätig sind, sondern wird auch und gerade Ingenieur-Studenten ein nützlicher Leitfaden für die Persönlichkeitsentwicklung sein.

Rüsselsheim, Januar 1986          Dr.-Ing. *Herbert Hölterhoff*

> Mögen die Techniker erkennen,
> daß es, um Techniker zu sein,
> nicht genügt, Techniker zu sein.
> Während sie sich mit ihrer beson-
> deren Aufgabe beschäftigen, zieht
> ihnen die Geschichte den Boden
> unter den Füßen fort.
>
> *José Ortega y Gasset*

## Vorwort zur fünften Auflage

Das Wort des spanischen Philosophen, vor mehr als drei Jahrzehnten geschrieben, hat heute beklemmendere Aktualität als
damals. Denn der epochale Wandel von der Industriegesellschaft
zur Informationsgesellschaft ist ausgelöst und begleitet von einer
Wissensexpansion mit zunehmender Spezialisierung auf allen
Gebieten. Gerade Ingenieure können dies bestätigen. Und je
mehr sich der einzelne mit den Details seines Fachwissens beschäftigt, um so mehr wird er auch feststellen müssen, wie sehr
er sich dabei — vielfach unbewußt und ungewollt — von der
grundlegenden Sicht für die Zusammenhänge und für das Ganze
entfernt.

Das Reizvolle an der Aufgabe — so sagte ich im Vorwort zur
ersten Auflage —, ein Buch über „Rhetorik für den Ingenieur''
zu schreiben, lag für mich auch darin, gegen ein altes Vorurteil
angehen zu können. Denn landläufig hält man den Ingenieur wie
den Techniker für einen Menschen, der sich meist in Einzelarbeit
mit der Lösung technischer Probleme befaßt, analysiert und
konstruiert, Messungen und Berechnungen exakt und folgerichtig vornimmt. Er benötigt — so meinen viele — daher wenig
Kommunikation, sei meist introvertiert und wenig kontakt-
freudig.

Nun, auch wenn diese Verallgemeinerung über das Wesen des
Ingenieurs zutreffen sollte, wäre es doch erst recht angebracht,
einem solchen Menschen Hilfen zu geben, seine Kommunika-
tionsfähigkeit durch das gesprochene Wort verbessern zu können.

Und da ich aus jahrzehntelanger Praxis weiß, daß man nicht zum Redner geboren zu sein braucht, sondern daß jeder bis zu einem bestimmten Grad der Fertigkeit das Reden erlernen kann, habe ich dieses Buch geschrieben. Dabei hat es mich gereizt, gerade dem abstrakt-logisch Geschulten ein wohlgeordnetes und überschaubares Handwerkszeug zu bieten. Es versetzt den Ingenieur in die Lage, sich verbal verständlich ausdrücken und besonders Gruppen ansprechen zu können, ohne sich etwa zuvor mit eigenen Studien der Psychologie und der Pädagogik sowie verwandter Wissensgebiete befassen zu müssen. Er wird dann — so hoffe ich — besser in der Lage sein, seine eigenen Hemmungen überwinden zu können, und so auch dazu beitragen, daß das Vorurteil vom Ingenieur, der ,,nicht reden kann'', abgebaut wird.

Obwohl das Buch so aufgebaut ist, daß der ,,eilige'' Leser direkt mit dem dritten Abschnitt in die Praxis einsteigen kann, sollte er dies nicht tun. Wie der Mathematiker auch nicht ohne das kleine Einmaleins auskommen kann, ist der Inhalt der beiden ersten Abschnitte doch Grundlage für die folgenden, die darauf Bezug nehmen.

Der Text der vorliegenden fünften Auflage ist gegenüber dem der vierten Auflage unverändert. Es wurden lediglich einige Druckfehlerkorrekturen vorgenommen.

Den Herren *Kämmerer, Kopeitko, Kirch* und *Mangos* sowie der Trainings-Abteilung der Adam Opel AG danke ich für die bereitwillig zur Verfügung gestellten Beispiele aus der Praxis.

,,Der Tugendhafte ist nicht sprachgewandt, der Sprachgewandte nicht tugendhaft!'' Dieses Wort des chinesischen Weisen Lao-Tse sollte den Ingenieur trotzdem nicht davon abhalten, alles ihm Mögliche zu tun, um sein Sprechverhalten zu verbessern. Ich wünsche meinen Lesern bei der Lektüre dieses Buches viel Freude und viel Erfolg!

Frankfurt am Main, Juni 1991                    *Gerd Ammelburg*

# Inhalt

Seite

# 1. Warum muß der Ingenieur reden lernen?

Die Tatsache, daß der Mensch durchschnittlich 70 % seines
Tagesablaufes mit Kommunikation verbringt, ist eine wichtige
Erkenntnis für die Verhaltensweise eines jeden. Kommunikation (von lat.: Gemeinsamkeit — Mitteilung) ist die Übermitt-
lung von Informationen, entweder durch Zeichen jeglicher Art
oder durch formalistische Verständigungssysteme. Diese lexi-
kalische Begriffsdefinition enthält auch das Wort *Verständigung,* das grundlegend dafür ist. Denn wenn Kommunikation
zwischen verschiedenen Personen nur in einer Richtung — nämlich von einem „Sender" zu einem „Empfänger" — läuft, dann
besteht die Gefahr, daß eine Verständigung im Sinne des gegen-
seitigen Verstehens nicht zustande kommt, weil der Zeichenvorrat der beiden Beteiligten unterschiedlich sein kann, B i l d 1.

Der größte Teil der menschlichen Kommunikation besteht wiederum in der *verbalen* Kommunikation im Gegensatz zur nichtverbalen (auch vielfach als „averbale" oder „non-verbale" bezeichnet), die neuerdings unter dem Wissenschaftsbegriff der
„Kinesik" zusammengefaßt wird. Die verbale Kommunikation,
also die Verwendung des gesprochenen Wortes als Informations-
mittel, kann sich zwischen zwei Personen abspielen und wird
dann als Zwiegespräch (Dialog) bezeichnet. Bei mehreren Personen spricht meist einer, während die anderen zuhören; dies
allerdings vielfach wechselseitig, denn wenn alle zu gleicher
Zeit sprächen, wäre eine Verständigung kaum zu erreichen. Dieses Sprechen eines Einzelnen zu mehreren Personen ist bereits
eine *Rede,* auch wenn man es nicht immer so bezeichnet.
Wenn man sich jedoch klar darüber wird, daß jeder Einzelne
dies tagtäglich mehrfach praktiziert — bei einer Unterhaltung,

einer Sitzung, der Verfechtung einer Meinung, der Erziehung
der Kinder oder der Unterweisung Auszubildender oder bei
allen anderen Gelegenheiten —, dann wird daraus ersichtlich,
wie sehr sich auch jeder Einzelne bewußt mit der Rede ausein-
andersetzen muß. Sie ist aus dem täglichen Leben keines Menschen — von Ausnahmen abgesehen — wegzudenken, weil sie
wichtiger Bestandteil der verbalen Kommunikation des sozia-
len Wesens Mensch ist.

## 1.1. Voraussetzungen

Vielfach hat gerade der Ingenieur die unterbewußte Vorstellung,
er könne nicht reden und brauche es auch gar nicht. Seine Auf-

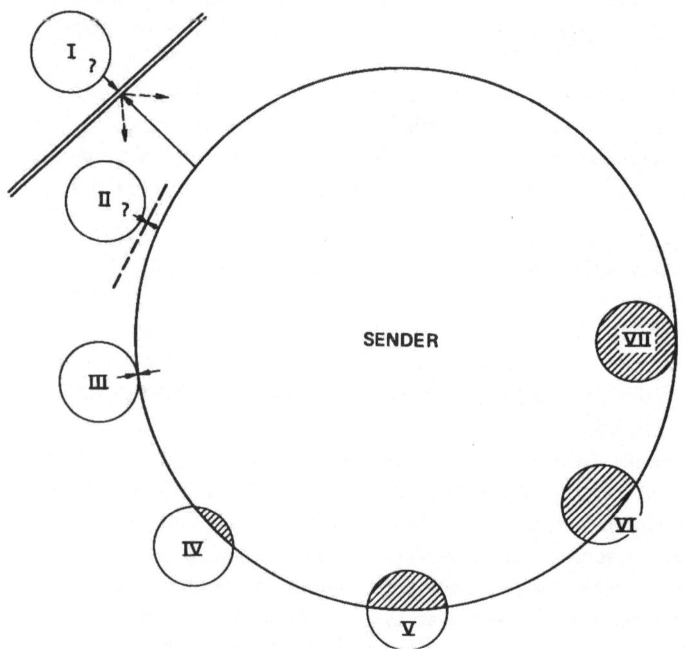


2

gaben lägen auf anderem Gebiet, das Reden könne den Organisationsleuten oder den Verkäufern überlassen werden. Wie falsch diese Einstellung ist, ist noch zu erläutern; zunächst sei untersucht, aus welchen Voraussetzungen diese Meinung entstanden ist und warum sie so schwer auszuräumen ist.

Der Ingenieur — gleich welcher Fachrichtung — hat eine Ausbildung genossen, in der er zu naturwissenschaftlich exakter und praktisch logischer Denkweise erzogen worden ist. Er muß mit abstrakten Begriffen umgehen und analytisch folgerichtig vorgehen können. Exakte Problemanalysen, konstruierendes Denken und abstrakt-logisches Vorgehen sind die Bereiche, die der Ingenieur lernen muß, zu beherrschen und zu praktizieren. Darüberhinaus ist die Tätigkeit des Ingenieurs vielfach auf Einzelarbeit, auf Entwicklung und Konstruktion sowie auf Speziali-

◀ Bild 1. Kommunikation des Redners.

    I    — Empfänger räumlich getrennt, kann den Sender nicht wahrnehmen. Trennwand!

    II   — Empfänger spricht „chinesisch" und kann die Sprache des Senders nicht verstehen

    III  — Empfänger hat Berührungskontakt mit dem Sender, kommt jedoch aus völlig anderem Milieu (Niveau — Bildungsstand) Bei Bereitschaft und Bemühung Verständigung und Kommunikation aufbaubar.

    IV  — Empfänger versteht ein wenig von dem, was Sender sagt — geringer gemeinsamer Zeichenvorrat. Kommunikation ausbaubar.

    V   — Empfänger hat die Hälfte seines Zeichenvorrats mit dem Sender gemeinsam. Kommunikationsbasis gut, Verständigungsmöglichkeiten groß.

    VI  — Empfänger verfügt über großen gemeinsamen Zeichenvorrat mit dem Sender. Kommunikation und Verständigung ohne Schwierigkeiten.

    VII — Empfänger ist „Fachkollege" des Senders mit völlig gleichem Zeichenvorrat. Kommunikationsmöglichkeit ideal, Verständigung vielfach „ohne viele Worte" möglich.

3

sierung abgestellt, die ihn zwingt, oft in Klausur zu arbeiten. Solche Ausbildung und Arbeitsweise können naturgemäß nicht ohne psychologische Auswirkung auf den Menschen bleiben, der sie praktizieren muß — er unterliegt der Gefahr, sich von anderen abzusondern, schon deshalb, weil seine Tätigkeit oft keine Störungen erlaubt.

Ein weiterer Gesichtspunkt kommt hinzu: die explosionsartige Entwicklung unseres technischen Wissens bedingt auch die zunehmende Spezialisierung auf allen Gebieten. Dies ist Grund genug für den Ingenieur, sich in seinem Fachbereich ununterbrochen fortzubilden, um mit dem Stand der Entwicklungen Schritt halten zu können, birgt jedoch gleichzeitig die Gefahr, an allgemeiner Übersicht zu verlieren und zum sogenannten Scheuklappendenken zu gelangen. Nicht umsonst spricht man hier oft scherzhaft vom „Fachidioten".

Was für den Bereich des technischen Wissens generell gilt, kann sich verstärkt auch noch auf dem Gebiet des Allgemeinwissens auswirken. In einer Zeit allgemeiner Wissensexplosion, in der bereits der Begriff der Bildung — etwa im Sinne einer humanistischen — fragwürdig wird, muß es für den Spezialisten der Technik erst recht schwer werden, mitzuhalten und seinen Informationsstand auch nur einigermaßen anzupassen.

Die psychologische Auswirkung dieser Entwicklung kann für den hochqualifizierten Ingenieur unangenehm sein. Er sieht sich oft schon bei nicht einmal besonders anspruchsvollen Gesprächen anderer Wissensgebiete in die Isolierung gedrängt und kann vielfach nicht mitreden bei Dingen, die anderen, die keine gehobene Ausbildung haben, offenbar als Selbstverständlichkeit keinerlei Schwierigkeiten bereiten. Wer in solchen Situationen nicht von Natur aus über eine gesunde Portion Selbstvertrauen verfügt, kann in Resignation verfallen, Komplexe bekommen oder gar aggressiv werden — psychologische Fehlverhaltensweisen, die zu entscheidenden Kommunikationsschwierigkeiten im menschlichen wie im sachlichen Bereich führen müssen.

4

Parallel mit der vorerwähnten allgemeinen Wissenexplosion geht
jedoch auch noch eine Entwicklung vor sich, die allgemein als
Vernachlässigung des sprachlichen Ausdrucksstils bezeichnet
wird. Es würde zu weit führen, diese Entwicklung zu erläutern
und zu begründen, doch ist sie ein Kernthema der Überlegungen
zur Rhetorik für den Ingenieur. Es ist aus dem bisher Dargelegten verständlich, daß gerade der Ingenieur aufgrund seiner
fachlich ausgerichteten Ausbildung, seiner speziellen Aufgaben
sowie der Art seiner Tätigkeit es vielfach schwer haben wird,
sich sprachlich gewandt und allgemeinverständlich auszudrücken.


## 1.2. Aufgaben und Zielvorstellungen

Hier könnte man einwenden, daß der Ingenieur eben andere Aufgaben habe als beispielsweise der Politiker, der Geistliche, der
Jurist, der Verkäufer oder viele andere, deren Tätigkeit vornehmlich auf die Verwendung des gesprochenen Wortes abgestellt ist. Daß diese Auffassung falsch ist, bedarf keiner besonderen Beweisführung, wenn man sich nur bewußt macht, wie oft
der Ingenieur — insbesondere der in einer wirtschaftlichen oder
öffentlichen Führungsposition stehende — in die Situation versetzt wird, sich anderen gegenüber verbal zu äußern. Sei dies
nun — um nur einige Beispiele willkürlich zu nennen —

- bei der Führung einer Besuchergruppe durch eine technische
  Einrichtung, ein Werk o.ä.,
- bei der Unterweisung bzw. Einweisung von Mitarbeitern in
  ihre Funktionen und Aufgaben,
- bei einem Vortrag, gleich welcher Art,
- bei der Darstellung und Analyse von Problemen, die eine
  Gruppe zu lösen hat,
- beim Vorführen technischer Geräte oder Einrichtungen,
- bei der Darbietung von ihm erarbeiteter Entwicklungen oder
  Problemlösungen, notfalls im Wettbewerb oder im Gegensatz
  zu anderen Vorschlägen,

- bei der Wahrnehmung von Führungsaufgaben, um Mitarbeiter zu motivieren,
- beim Unterricht vor Anzulernenden oder Auszubildenden,
- bei allen möglichen Gelegenheiten im politischen, gesellschaftlichen oder familiären Bereich.

Überall in diesen oder noch vielen anderen Fällen erwarten die angesprochenen Personen, daß sich der Ingenieur als Gebildeter auch entsprechend ausdrückt, verständlich macht und eine entsprechende Gewandtheit im Umgang mit dem gesprochenen Wort zeigt. Kann er dies nicht, dann sehen wahrscheinlich viele der Zuhörer die weitverbreitete Ansicht bestätigt, ein Ingenieur könne einfach nicht reden. In diesem Falle sagt man dann, vielleicht noch bedauernd die Schultern hebend: „Er ist eben ein typischer Ingenieur!"

## 1.3. Regelkreisverhalten zur Persönlichkeitswirkung

Würde sich jedoch der Ingenieur in einem der o.a. Beispiele klar und allgemeinverständlich ausdrücken, gelänge es ihm, seine Meinung gut zu verkaufen, könnte er geschickt argumentieren oder einen komplizierten technischen Vorgang seinen Zuhörern mit Anschaulichkeit leicht begreiflich zu machen, dann würden die Betroffenen voller Hochachtung sagen: „Er ist eben ein Ingenieur!" Und würden damit die gleichfalls weitverbreitete Meinung bestätigt sehen, daß ein Ingenieur eben gelernt habe, alle Dinge systematisch anzugehen und folgerichtig durchzuführen — ein Können, das jedem Menschen Respekt abfordert.

Welcher Ingenieur möchte nun nicht, daß sein Verhalten im Umgang mit anderen zu dem letztgenannten Urteil führte?

Schließlich muß doch wohl jeder Interesse daran haben, auch mit Hilfe der verbalen Kommunikation bei anderen Menschen den gewünschten Erfolg zu erzielen und eine positive Reaktion zu erreichen.

Eine negative Wirkung im Sinne unseres zuerst genannten Beispieles wäre Störung oder zumindest Behinderung beim Erreichen des gesteckten Zieles; daran kann niemand interessiert sein. In einem Regelkreis der Persönlichkeitswirkung dargestellt, bedeutet dies, daß die Verbesserung der Fähigkeit, sich verbal auszudrücken, unabdingbar Rückkopplung und Regelung zur Erreichung des gesteckten Zieles erfordert, B i l d 2. Das Erkennen von Fehlleistungen — in diesem Falle durch mangelhaftes rednerisches Können nicht „anzukommen'' — ist ebensosehr eine Sache der Intelligenz wie des Charakters: dem *Wissen* um Gesetzlichkeiten menschlicher Verhaltensweisen muß das *Wollen* zur Verhaltensänderung beigesellt werden. Mit dem Wollen, die sprachliche Ausdrucksfähigkeit zu verbessern, sollte der Ingenieur an den Bereich der Rhetorik herangehen, denn wer meint, er habe es nicht nötig, an sich zu arbeiten, der legt am besten dieses Büchlein an dieser Stelle weg. Ihm ist nicht zu helfen! Mit dem grundlegenden Wissen befaßt sich der nächste Abschnitt, während die folgenden Abschnitte dann Hilfen geben, um auf der Basis des erlernten Wissens auch das Können zu verbessern.

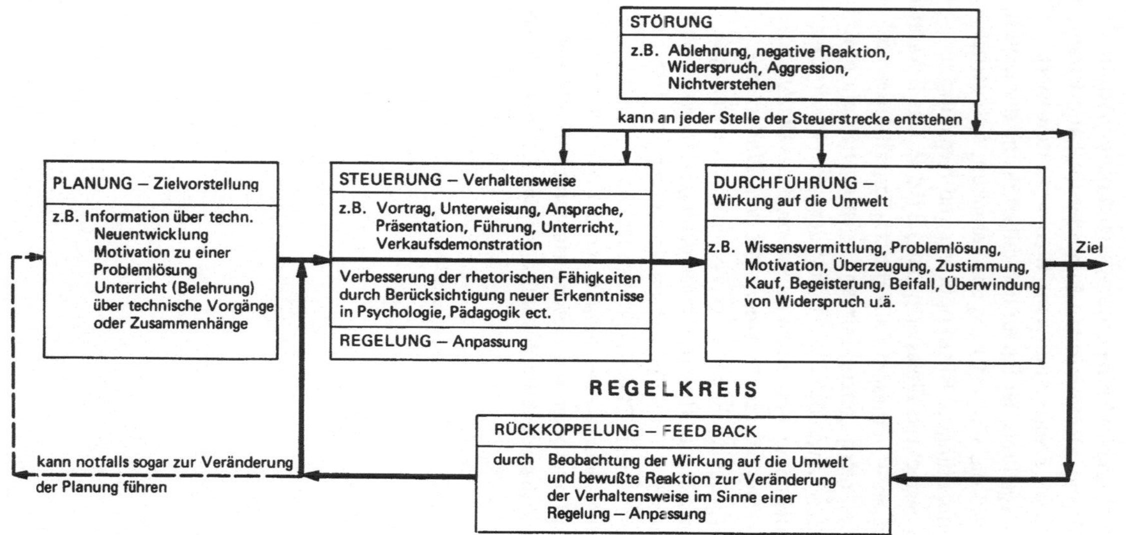


Bild 2. Regelkreis der Persönlichkeitswirkung bei der verbalen Kommunikation.

## 2. Grundwissen über menschliche Verhaltensweisen

Jedem dürfte es wohl schon einmal so ergangen sein: bei Inangriffnahme eines neuen Wissensgebietes überfällt einem zu irgendeinem Zeitpunkt eine Angst oder gar ein Entsetzen vor der Menge des zu bewältigenden Stoffes. So mag es auch dem Ingenieur ergehen, der im Zusammenhang mit der Rhetorik nun erfährt, daß er sich mit Psychologie, Pädagogik, Soziologie, Andragogik, Informationslehre, Didaktik, Semantik oder Dialektik befassen müsse, ganz zu schweigen von den Gebieten der Psychosomatik, der Kinesik und der modernen, auf den Erkenntnissen der Zellbiologie fußenden Gehirnforschung. Nun, all diese Wissenschaften, die auch noch in sich vielfach unterschiedliche Lehrmeinungen beherbergen, muß der Ingenieur nicht erlernen, wenn er sich der Rhetorik widmen will; dies wäre eine unrationelle Belastung und im übrigen menschenunmöglich.

Der Ingenieur aber „hat keine Zeit zu verlieren: Er muß sein Wissen auf rationelle Weise ergänzen und neue Denk- und Verhaltensweisen schnell lernen." Dieser Satz aus Walter Schleips grundlegendem Werk „Vom Ingenieur zur Führungskraft" [1] soll auch am Anfang der Überlegungen stehen, sich mit dem für die Praxis der Rhetorik notwendigen Grundwissen zu versehen. Statt in die Tiefe und Breite der genannten und noch anderer Wissensgebiete zu gehen, seien diese einfach durchstreift und geplündert, indem die für die rhetorische Praxis notwendigen Erkenntnisse herausgegriffen, erklärt und in eine überschaubare Ordnung gebracht werden, um sie dann bei den weiteren Abschnitten des Buches von Fall zu Fall — je nach Bedarf — heranzuziehen. Auf diese Weise werden Bezugspunkte gesetzt, zu denen immer wieder zurückgekehrt werden kann, um rednerische Verhaltensweisen zu begründen.

Hierbei sei noch erwähnt, daß es sich vielfach eigentlich nur um ein Bewußtmachen von Vorgängen und Verhaltensweisen handelt, die der Mensch aus dem Unbewußten oder dem Unterbewußten heraus bereits praktiziert. Damit soll nicht gesagt sein, daß man sich stets falsch verhält; im Gegenteil: die meisten handeln — insbesondere bei Automatismen, Instinktverhalten oder Intuitionen — völlig richtig und der Situation angepaßt. Aber wenn man — in Kenntnis der Gesetzlichkeiten menschlichen Verhaltens — sich manche Zusammenhänge bewußt macht, kann man auch in Zukunft Verhaltensweisen sinnvoller planen und steuern und so Ziele rationeller erreichen. Ein Beispiel mag dies erläutern:

> *Ein Mensch, der die Angewohnheit hat, beim Sprechen jeden zweiten oder dritten Satz mit den Wörtchen ,,nicht'' oder ,,nicht wahr'' zu beenden, handelt aus einem Automatismus heraus. Er hat sich diese Redeweise durch häufige Wiederholung angewöhnt und wendet sie an, ohne sich dessen bewußt zu sein, daß sie anderen auffällt, die sich vielleicht sogar darüber mokieren. Wenn man ihn nun auf diese Angewohnheit aufmerksam macht und er erkennt, daß er sie sich abgewöhnen muß, weil er dann einen negativen Eindruck bei seinen Gesprächspartnern vermeidet, so rationalisiert er. Er hat durch Bewußtmachen eines Fehlverhaltens im Sinne eines Regelkreises ein ,,feedback'' vorgenommen, um durch eine Regelung zu einer Verbesserung seiner Wirkung auf andere bei der verbalen Kommunikation zu gelangen.*

So sei auch beim weiteren Vorgehen immer wieder versucht, die Zusammenhänge rednerischen Verhaltens aufgrund der im Grundwissen erarbeiteten Erkenntnisse bewußt zu machen, um auf diese Weise die Wirkung des Redens zu verbessern. Eine

Selbstrationalisierung also, die dem Ingenieur von seiner Ausbildung her wenig Schwierigkeiten bereiten sollte.

## 2.1. Psychosomatik — grundlegende Erkenntnisse

Das Wort „Psychosomatik" — in der Medizin erstmals angewandt — umfaßt nur unvollkommen den gesamten Komplex der „Leib-Seele-Einheit" des menschlichen Individuums. Denn während das Individuum (lat.: dividere = teilen) das „Unteilbare" bedeutet, sind in der Psychosomatik zwei gegenpolige Begriffe, nämlich Psyche (griech.: Geistig-Seelisches) und Soma (griech.: Körper), enthalten. Gerade die Erkenntnisse der modernen Gehirnforschung zeigen, daß man auf dem Wege ist, die Zusammenhänge zwischen dem Geistig-Seelischen und dem Stofflichen sichtbar zu machen. Vester schreibt dazu: „ . . . blieb eigentlich nur noch die Möglichkeit, daß das Gedächtnis entweder ein rein geistiges Element ist, also einer materiellen Untersuchung überhaupt nicht zugänglich, oder aber daß die Erinnerung nach der Aufnahme elektrischer Wahrnehmungsimpulse, also anschließend an das Ultrakurzzeit-Gedächtnis durch Kodifizierung und Verarbeitung einzelner Moleküle, über das ganze Gehirn verteilt ist. Eine solche stoffliche Speicherung für etwas Geistiges greift tief in die ideologisch fixierten Anschauungen über die conditio humana, die geistige Besonderheit des Menschen, ein. Sie ist daher zwar ungeheuer revolutionär, aber deshalb doch lange nicht unwahrscheinlich" [2].

Aber auch ohne mit den neuesten Entwicklungen wissenschaftlicher Theorien Schritt halten zu müssen, was bei dem rasanten Fortschritt der Erkenntnisse selbst den Fachleuten schwer fällt, kann man eines mit Bestimmtheit sagen: An der Tatsache des engen Zusammenhanges zwischen Geist, Seele und Körper im Sinne der Unteilbarkeit des Individuums kann kein Zweifel bestehen. Dies ist in der indischen Yoga-Lehre genauso erkennbar wie bei den Wunderheilungen Jesu Christi („Gehe hin, Dein

11

Glaube hat Dir geholfen"!) und den modernen Feststellungen
über Psychopotenz [3].

Durch einfachste Beispiele muß man sich einmal dieser Tatsache
des Zusammenhangs bewußt werden:

*Lachen und Weinen sind natürlicher körperlicher Ausdruck
geistig-seelischer Zustände und entsprechen bestimmten Hor-
mon-Situationen. Wer also beispielsweise das Lachen oder
die Tränen unterdrückt, wie dies vielfach unsere Erziehung
und unsere Gesellschaft verlangen, tut etwas Widernatürliches
und vergewaltigt eigentlich damit seinen Körper. Und schon
seit mindestens 4000 Jahren weiß man in der Yoga-Lehre
um das natürliche Zusammenspiel zwischen Atmung und gei-
stiger Konzentration; trotzdem denkt beispielsweise kein
Redner daran, wie entscheidend richtige Atmung zur geistigen Leistung beitragen kann [4, insbes. S. 241 ff].*

Darauf sei in Abschn. 4 und 5 noch besonders eingegangen,
weil der Redner sich durch Bewußtmachen dieser Zusammenhänge entscheidende Hilfen für seine Wirkung geben kann.


*2.1.1. Grundmuster — unterschiedliche Denkertypen*

Lange Zeit standen sich in der Psychologie zwei Grundauffas-
sungen unvereinbar und einander heftig befehlend gegenüber:
Die Vererbungslehre behauptete, daß der Mensch alles, was er
sei und tue, aus seiner Erbveranlagung mitbekommen habe, während die Milieutheorie alles menschliche Verhalten auf die Umwelteinflüsse im Verlauf des Lebens zurückführen wollte. Erst
durch die Zwillingsforschung wurde offensichtlich, daß die
Dinge nicht so einfach alternativ liegen, sondern ein Zusammen-
wirken beider Faktoren ersichtlich ist. Und schon entbrannte
ein weiterer Streit darüber, zu wieviel Prozent Anteil die Einwir-
kung sei: während die einen Theoretiker meinten, beispielsweise
die Intelligenz sei zu 75 % durch Erbanlagen und zu 25 % durch

Umwelteinflüsse bestimmt, kamen die anderen zu genau umge-
kehrten Verhältniszahlen [5, insbes. S. 201 ff.].

Aus den neuesten Ergebnissen der Zellbiologie in der Gehirnforschung beim Menschen weiß man nunmehr, daß sich die entscheidenden Vorgänge bei den Zellen der Großhirnrinde in den
ersten Monaten nach der Geburt abspielen. In dieser Zeit bilden
sich in diesen Zellen neben den festen Erbinformationen auch
feste Speicherungen durch Umwelteinflüsse, die zu Grundstruk-
turen führen, die die Zellen dann ( da sich die Gehirnzellen im
Gegensatz zu allen anderen Körperzellen nach gewisser Zeit
nicht mehr weiter teilen) für das ganze restliche Leben beibehalten. Man spricht dabei von sogenannten *Grundmustern*, die
bestimmend sind für die Denkveranlagung des Menschen [2].

Für die Praxis der Kommunikation mit anderen Menschen bedeutet dies, daß man es stets mit solch unterschiedlicher Denkveranlagung zu tun hat und dies bei jedem verbalen Verhalten berücksichtigen muß.

*Jedem dürfte es schon einmal so ergangen sein, daß er ver-
sucht hat, einem anderen etwas beizubringen, doch dieser
verstand es einfach nicht. Und vielleicht hat er sich nach ge-
raumer Zeit vergeblichen Bemühens resignierend abgewandt
und im Stillen den anderen als dämlich bezeichnet. Dann aber
kam vielleicht ein Kollege oder ein Freund, dem es gelang,
dem anderen in unwahrscheinlich kurzer Zeit das begreiflich
zu machen, was einem selbst trotz Anstrengung nicht gelun-
gen war, ihm beizubringen.*

Was war vorgegangen? Hier waren sich zunächst einmal zwei
Menschen mit verschiedener Denkveranlagung gegenübergestan-
den, deren unterschiedlicher Denktypus, resultierend aus den
Grundmustern, sie nicht zusammenfinden ließ. Jedoch der Dritte,
Hinzugekommene, hatte den gleichen Denkertyp wie der zweite
— gewißermaßen dieselbe Wellenlänge — und konnte sich ihm
verständlich·machen.

Walter Schleip gebührt das Verdienst, bereits vor mehr als vier
Jahrzehnten diese Dinge vorausahnend erkannt und die verschiedenen Denkertypen — im Gegensatz zu allen anderen
Typenlehren — in eine Kreisform geordnet zu haben, die so
fließende Übergänge ermöglicht [6]. In Ergänzung der Schleipschen Vorstellungen, der Mensch habe einen durch Tests fest-
stellbaren *Denksektor,* wurde in Bild 3 dargestellt, wie es tatsächlich sein könnte. Unter Verwendung der Schleipschen Begriffe, deren ausführliche Erläuterung hier keine Rolle spielt,
wird aus dieser Zeichnung ersichtlich, warum manche Menschen
sich gegenseitig leicht verstehen (Überdeckung großer gemein-

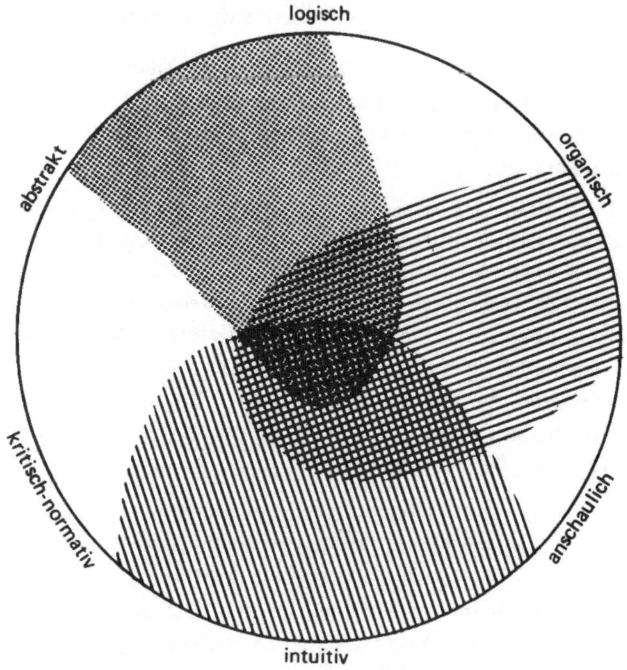


Bild 3. Denkveranlagungen von verschiedenen Menschen.

samer Fläche) und andere wiederum miteinander gedanklich
wenig Beziehung finden.

Die Schlußfolgerung, die daraus für die verbale Kommunikation zu ziehen ist, ist zwingend: wer meint, der Gesprächspartner, von dem er nicht verstanden wird, sei einfach zu dumm,
kann einem großen Irrtum unterliegen. Denn mit dem gleichen
Recht könnte der andere das auch von ihm behaupten. Nein,
wer nur sich selbst und seine Denkweise zum absoluten Maß-
stab macht, wird falsch handeln! Für den Ingenieur, der mit
seiner Denkweise häufig im Bereich des Abstrakt-Logischen
angesiedelt ist, wäre es daher falsch, andere Menschen, die zu
den anschaulich-intuitiven Denkertypen gehören, als undiskuta-
bel oder nicht ernst zu nehmend abzutun. Nach empirischen
Untersuchungen (4000 Personen) gehörten über 80 % der Testan-
ten — und zwar mit ziemlich gleicher Verteilung — zu einer der
beiden genannten Hauptgruppen. Die Schlußfolgerung für den
Redner, der ja meist eine Gruppe gemischter Denkertypen vor
sich erwarten darf, muß ganz einfach die sein, seine rednerische
Darbietung darauf einzustellen und sowohl durch klaren, folgerichtigen Aufbau der einen als auch durch Einblendung von anschaulichen Beispielen der anderen Denkergruppe seiner Zuhörer gerecht zu werden.

*Das klassische Beispiel für ein solches rednerisches Verhalten
bietet uns die Bibel: Jesus Christus hatte — wenn man es einmal so ausdrücken darf — eine Religion zu „verkaufen" und
praktizierte dies durch Handlungen und Predigten. Eine Religion basiert — ebenso wie die Philosophie — weitgehend auf
abstrakten Begriffen, die von einem Menschen, der anschau-
licher Denkertyp ist, schwer verstanden werden können. Daher hat Jesus Christus ganz gezielt in seine Predigten und Reden Gleichnisse eingebaut — insgesamt werden im Neuen
Testament 69 aufgeführt — ein demonstratives Zugeständnis
an die anschaulichen Denkertypen unter seinen Zuhörern
und ein Musterbeispiel rednerischen Könnens.*

## 2.2. Psychologische Gesetzlichkeiten

Jegliche Einflußnahme von Menschen auf andere Menschen steht
im Zusammenhang mit psychologischen Vorgängen. Die Psychologie ist daher auch für den Redner ein unentbehrliches Hilfsmittel, aber es wäre unsinnig zu glauben, der Ingenieur, der sich
mit der Redekunst befassen will, müsse nun zunächst einmal auch
einige Semester Psychologie studieren. Täte er dies wirklich, so
würde dies nur zu seiner Konfusion beitragen. Denn nicht nur,
daß diese Wissenschaft derart umfassend geworden ist, würde
den Redebeflissenen schockieren, sondern auch insbesondere
die Tatsache, daß es wohl in kaum einer Disziplin soviele unterschiedliche Lehrmeinungen gibt, die einander heftig bekämpfen
und deren Streit der Laie ratlos gegenübersteht.

Der Ingenieur kann sich daher beim Umgang mit der Psychologie auf die Anwendung einiger wichtiger Grundgesetzlichkeiten
beschränken, die von allen Fachleuten — gleich welcher Lehr-
meinung — als allgemein gültig anerkannt werden und die ihm
als — im positiven Sinne — simplifiziertes Handwerkszeug dienen
können, um ein eigenes Fachstudium zu ersparen.

Walter Schleip († 1971) hat schon vor Jahren das komplexe
Wissensgebiet psychologischer Erkenntnisse und Gesetzlichkeiten in eine systematische (Schleip war Ingenieur!) und zugleich
überschaubare Ordnung gebracht. Dieses sogenannte „Schleip-
sche Regelwerk der Führungspsychologie", Tabelle 1, ergänzt
durch einige aus den neuesten Erkenntnissen heraus erforderlich gewordene Zusätze, kann dem Ingenieur eine wertvolle
Hilfe sein, psychologisches Kernwissen für seine rhetorische
Praxis anzuwenden.[1] [6].

1) Wer sich ausführlicher mit dieser Führungspsychologie befassen möchte,
findet eine lesenswerte Kurzfassung in dem Werk des Verfassers DIE
UNTERNEHMENS-ZUKUNFT, in dem auch intensiv auf den Regelkreis
der Persönlichkeitswirkung eingegangen wird.

An dieser Stelle sei noch eine Anmerkung zu dem Begriff der
Führung eingeschaltet, mit dem sich auch der Ingenieur befassen muß. Er sollte völlig wertfrei verstanden werden und nicht
unter irgendwelchen politischen oder weltanschaulichen Aspek-
ten stehen. Überall werden — im Sinne einer Beeinflussung —
Menschen geführt, bei allen möglichen Gelegenheiten im Leben,
bei der Kindererziehung wie bei der Unterweisung von Auszubildenden, in einem Unternehmen wie beim Militär, beim Verkauf wie bei einer Werbemaßnahme, im Verein wie in der Poli-
tik, mit einem Zeitungsartikel wie mit einer Rede. Und der Ingenieur, der einen Vortrag, eine Ansprache, eine Unterweisung,
eine Vorlesung, kurz: eine Rede zu halten hat, muß ebenfalls
sich darüber klar sein, daß er eine geistige Führungsaufgabe zu
bewältigen hat. Insofern sollte der Begriff der „Führungspsychologie" auch für denjenigen anwendbar sein, der nicht eine Führungsposition im üblichen Sinne innehat.


## 2.2.1. Die Voraussetzungen

Bei jeglicher Einflußnahme auf andere Menschen muß sich der
Führende überlegen, welche Voraussetzungen er schaffen muß,
um mit seiner Verhaltensweise den gewünschten Erfolg zu bewirken. Hier ist es an erster Stelle die *positive Einstellung,* die
er bei dem oder den anderen Menschen erreichen muß und
ohne die alle seine Bemühungen zwecklos wären. Diese positive
Einstellung setzt sich aus zwei Komponenten zusammen, die
unabdingbar zusammengehören: *das Vertrauen zur Person* des
Führenden, das dieser bei den Geführten schaffen, sowie das
*Interesse an der Sache,* das er wecken muß. Um dies gleich —
ohne Beispiele aus anderen Bereichen — auf die Rhetorik zu
beziehen: der Redner, dem es nicht gelingt, bei seinen Zuhörern Vertrauen zu seiner Person zu erzeugen, wird genau so wenig
Erfolg haben wie derjenige, der es nicht versteht, das Interesse
seiner Zuhörer an dem Stoff, dem Inhalt, dem Gegenstand, kurz:
an der Sache zu bewirken. Diese Behauptung mag sich apodik-

tisch anhören, aber es kann keinem Zweifel unterliegen: die
Schaffung einer positiven Einstellung bei seinen Zuhörern muß
das erste und wichtigste Bemühen des Redners sein — ohne sie
ist jegliche andere Mühe vergeblich und kann keinen Erfolg
im Sinne des rednerischen Zieles zeitigen.

Die zweite Voraussetzung erfolgreicher Führungsbeeinflussung
ist die Wahl des *relativ richtigen Maßes,* bei der sehr oft gesündigt wird. Es ist beispielsweise ein großer Unterschied, ob man
eine aufgebrachte Menge mit dem Gummiknüppel „zur Räson"
bringen will, ob man Flugblätter verteilt oder ob man über Laut-
sprecher eine Ansprache hält. Je nach der Situation und dem
augenblicklichen Zustand der Betreffenden wird das eine oder
das andere Mittel wirkungsvoller sein und zum Erfolg führen.
Um auch hier wieder ein Beispiel aus der rednerischen Praxis
anzuführen: der Redner, der zu leise oder undeutlich spricht,
so daß er nicht verstanden werden kann, wird genau so wenig
Erfolg haben wie derjenige, der in einem engen Raum eine kleine
Gruppe laut anbrüllt; in beiden Fällen wurde nicht das relativ,
d.h. auf die Situation bezogen *richtige* Maß gewählt. Daß es sich
bei der Wahl und der Einstellung des richtigen Maßes um ein
Regelkreisverhalten handelt, welches der Redner jeweils durch
Beobachtung der Umwelt und der Reaktionen der Zuhörer erkennen und anpassen muß, sollte eigentlich eine selbstverständ-
liche Erkenntnis sein. Trotzdem wird gerade in diesem Punkt von
den Rednern am allermeisten gesündigt. In Abschn. 5 „Auftreten des Redners" ist dies noch ausführlich behandelt.

Die dritte Voraussetzung jeglicher Beeinflussung anderer Menschen ist die *richtige Häufigkeit.* Spätestens schon als Schüler
beim Auswendiglernen hat jeder erkannt, welche Bedeutung
die Wiederholung für das Gedächtnis hat. Aber gerade auch vielleicht aus den Erlebnissen der Schulzeit hat mancher eine
negative Einstellung zum Beispiel gegen das Pauken oder das
Eindrillen von Verhaltensweisen. Hier ist es das Verdienst von
Sebastian Leitner, einmal schonungslos aufgedeckt zu haben,

mit welchen oft noch vorsintflutlichen Mitteln Kinder zum Erlernen eines Stoffes gequält werden und welche Erkenntnisse
der modernen Lernpsychologie dazu helfen könnten, das Lernen zu erleichtern [7].

Die Ausführungen von Leitner, die auch jedem Älteren, der noch
lernen muß und will, von außerordentlichem Nutzen sein können, erhalten ihren besonderen Wert durch die Erkenntnisse
der modernen Gehirnforschung über die biochemischen und
elektrischen Vorgänge in den Gehirnzellen, wie sie Vester [2]
gut verständlich dargestellt hat.

Man unterscheidet zwischen einem UZG (Ultrakurzzeit-Gedächtnis), einem KZG (Kurzzeit-Gedächtnis) und einem LZG (Lang-
zeit-Gedächtnis). Sinneseindrücke, die der Mensch aufnimmt,
würden auch das besser als der beste Computer funktionierende
Gehirn überfordern, wenn sie alle gespeichert würden. Daher
sorgt das UZG dafür, daß solche Eindrücke schon nach relativ
kurzer Zeit — maximal ca. 20 Sekunden — in den Zellen der
Großhirnrinde abklingen und sich verlieren, wenn sie nicht mit
bereits vorhandenen Speicher-Inhalten assoziiert werden können. Es bildet gewissermaßen den ersten Filter für Wahrnehmungen, während dann das KZG als ein zweiter Filter funktioniert. Informationen, die zwei- oder mehrmals aufgenommen
werden, können bis zu zwei Tagen — je nach Intensität — im
KZG haften bleiben.

Erst wenn die Sinneseindrücke in Verbindung mit Assoziationen
noch länger eindringen, ergeben sich durch entsprechende bio-
chemische Vorgänge (Eiweiß-Synthese) Codierungen der Prote-
inmoleküle, und das Informationsmaterial wird gespeichert.
Wenn solche Wahrnehmungsimpulse einmal auf diese Weise in
LZG verankert sind, können sie bei einem späteren Erinnerungs-
vorgang durch Aktivierung der betreffenden Zelle wieder abgerufen werden.

Der Redebeflissene muß wissen, daß er als Informationsgeber
leicht dazu neigt, Informationen an Empfänger mit nicht aus-

reichender Häufigkeit zu vermitteln. Und er darf sich dann nicht
wundern, wenn der Empfänger etwas nicht so speichert, wie es
der Geber — bei dem die Speicherung bereits vorhanden ist —
erwartet. In diesem Sinne ist deutlich geworden, was es beispielsweise mit der bekannten „rhetorischen Wiederholung"
auf sich hat, die noch gesondert behandelt werden wird.

Eines muß man aber in diesem Zusammenhang noch wissen:
eine Überziehung der Häufigkeit bewirkt Abwehrreaktion, die
von Abstumpfung oder Desinteresse bis zur Aggressivität gehen
kann. Man stößt dann auf Reaktionen wie „Ich kann das nicht
mehr hören!" oder „Das hängt mir schon zum Halse heraus!"
oder kann sich Fehlleistungen durch Automatismen-Ketten erklären. Für den Redner bedeutet dies, daß er — beispielsweise
wenn er stereotype Gesten wiederholt — durch deren überzogen häufige Anwendung auf Ablehnung bei seinen Zuhörern
stoßen kann.


## 2.2.2. Die psychischen Funktionen

Beschäftigt man sich mit der Frage, wie der Mensch in seinem
psychischen Bereich funktioniert, dann wird klar, daß diese
Funktionen, auf die gegebenenfalls Einfluß genommen werden
soll, keineswegs so klar und deutlich hervortreten und vonein-
ander zu trennen sind wie beispielsweise die Funktionen einer
Maschine. Trotzdem sei versucht, zumindest die wichtigsten
zu erkennen.

Als die drei klassischen psychischen Funktionen kennt man das
*Denken,* das *Fühlen* und das *Wollen,* die sogar dazu geführt
haben, daß man — je nach der besonders hervorragenden Veranlagung — von einem Verstandesmenschen, einem Gefühlsmen-
schen oder einem Willensmenschen spricht und diese Begriffe
in der Typenlehre verwendet. Wenn aber von der Einflußnahme
auf die Funktionen ausgegangen werden soll, dann müssen zumindest auch die *Sinneswahrnehmungen* mit einbezogen werden.

20

## 2.2.2.1. Die Sinne

Bei der Wahrnehmung, die sich aus der Aufnahme, Verarbeitung
und gegebenenfalls Speicherung von Informationen zusammensetzt, haben die Sinne des Menschen die Aufgabe der Informa-
tions*aufnahme*. Sie bilden — und zwar als rein körperliche Funktionen — gewissermaßen die Eingangspforten in den psychischen
Bereich; ohne den Weg über die Sinne erreicht man keine der
psychischen Funktionen, einmal von dem Sonderfall der Tele-
pathie abgesehen. Man muß aber nicht nur wissen, daß der Mensch
etwa 83 % durch das Sehen, 11 % durch das Hören, 3,5 % durch
Riechen, 1,5 % durch Tasten und 1 % durch Schmecken durchschnittlich aufnimmt, sondern daß auch jeder Mensch das Bestreben hat, durch mehrere Aufnahmekanäle wahrzunehmen.
Dies bedeutet, daß man — beispielsweise als Redner — sich nicht
nur eines Kanals, sondern nach Möglichkeit immer mehrerer
Eingangskanäle bedienen sollte, wenn man eine Verstärkung der
Wirkung erzielen will.

*Nicht umsonst ist beispielsweise das klassische Requisit der
Schule — und befände sie sich im afrikanischen Busch — die
Schultafel, ohne deren optische Demonstrationsmöglichkei-
ten das Lernen im akustischen Bereich und damit sehr einge-
schränkt bliebe. Und der klassische Satz zur Arbeitsunterwei-
sung lautete immer noch „Erklären, zeigen, machen lassen!"
und besagt, daß die Verwendung dreier Eingangskanäle, hier
des akustischen, des optischen und des haptischen (durch den
Tastsinn) den optimalen Lernerfolg bringen kann.*

## 2.2.2.2. Die Denkfunktion

Zum sogenannten „kognitiven Bereich" gehört eine große Anzahl von Vorgängen und Begriffen, die im einzelnen zu erläutern hier zu weit führen würde. Der Bogen spannt sich von der
Wahrnehmung in der Informationsverarbeitung über das Vor-
stellen, Nachdenken , Überlegen, Urteilen, Beurteilen, Abwägen,
Analysieren, Differenzieren, Erinnern, Vergessen, Planen, Kon-

struieren, Adaptieren, Assoziieren, Abstrahieren bis zu den Begriffen der Erkenntnisse, der Intuitionen, Innovationen und der Kreativität. Es sei hier ausdrücklich noch einmal auf das unter Abschn. 2.1.1 (Grundmuster) über die Denkertypen Gesagte verwiesen; anhand von Bild 1 sollte man sich noch einmal bewußt machen, wie sehr die Kommunikation zwischen Menschen davon abhängig ist, wieviel gemeinsame Fläche in diesem Modellkreis, der nur als Hilfskonstruktion verstanden sei, abgedeckt werden kann. Jeder Redner muß also stets bemüht sein, möglichst viele seiner Zuhörer, die zu den unterschiedlichsten Denkertypen zählen können, durch entsprechend angepaßte Darstellung zu erreichen.

### 2.2.2.3. Die Gefühlsfunktion

Der „affektive Bereich", auch das „Emotionale" genannt, umfaßt ebenso wie die Denkfunktion eine Unzahl von Begriffen, von denen nur einige hier wahllos angeführt seien: Freude, Trauer, Liebe, Haß, Angst, Vertrauen, Sympathie, Zorn, Wut, Mißtrauen, Zufriedenheit, Antipathie, Frohsinn, Heimweh, Hoffnung, Duldsamkeit, Takt, Niedergeschlagenheit u.a. Diese Gefühle spielen sich zum Teil im Unterbewußten ab, was man daran erkennt, daß man sich oft über die Ursache gewisser Gefühle nicht im klaren ist.

Wichtig für den Redner zu wissen ist vor allem, daß Gefühle ansteckend wirken, was in der Gruppe und besonders in der Masse, die fast nur von Gefühlen gelenkt wird, zu erkennen ist. Haß-Demonstrationen, Panik oder Massenhysterie sind hierfür klassische Beispiele.

*Dem Naturwissenschaftler, dem Ingenieur oder Techniker wird der Umstand störend erscheinen, daß diese Ansteckungskraft der Gefühle nicht exakt meßbar ist. Er wird daher die Feststellung der Psychologie über die Ansteckung durch Gefühle mit einer gesunden Portion Skepsis betrachten und sie nicht so recht glauben wollen. Aber wenn er sich bewußt* macht, daß auch die soeben gebrauchten Formulierungen „gesunde Portion Skepsis" und „nicht so recht glauben" sehr unexakte Beschreibungen für einen Vorgang sind, der sich tatsächlich im Augenblick bei ihm psychisch abgespielt hat, dann wird er vermutlich eher geneigt sein, sie zu akzeptieren, auch wenn sie sich nicht quantifizieren lassen. Man ist übrigens auch in der modernsten Forschung diesen Vorgängen auf der Spur, da sie durch Hormonreaktionen feststellbar, aber eben noch nicht exakt zu messen sind.

## 2.2.2.4. Die Willensfunktion

Der Bereich des „Wollens" umfaßt beispielsweise Begriffe wie Eifer, Fleiß, Energie, Ausdauer, Mut, Einsatzbereitschaft, Faulheit, Trägheit, Lethargie, Initiative, Opfersinn, Durchsetzungskraft, Eigensinn, Elan, Zielstrebigkeit, Konzentrationsfähigkeit u.a. Man unterscheidet ein *bewußtes* Wollen, das vom Denken oder Fühlen gesteuert, und ein *unbewußtes* Wollen, das auf frühere, oft verdeckte und daher nicht erkennbare Erlebnisse zurückzuführen ist. In der Wissenschaft ist die Willensfunktion die umstrittenste der drei psychischen Funktionen.

## 2.2.2.5. Die Erlebnisfunktion

Ebenfalls sehr stark unterschiedliche Meinungen herrschen in der Psychologie über die Erlebnisse, die man auch als *Engramme* bezeichnet (griech.: -gramm = etwas Geschriebenes, Engramm daher = Eingeschriebenes, wie z.B. eingraviert). Man versteht darunter einen besonderen Eindruck, der haften bleibt; daher muß man sich merken, daß jedes echte Erlebnis formt und wirkt. Bei den Vorgängen beim Langzeitgedächtnis (LZG) (s. Abschn. 2.2.1) sind Engramme fest gespeicherte Informationen, die bei Bedarf abgerufen werden, also Verhaltensweisen formen, und während des ganzen Lebens wirksam bleiben. Zu den Begriffen der Erlebnisfunktion zählen u.a. Erfahrungen, Überraschungen, Träume, Schocks, Halluzinationen, Enttäuschungen, denn praktisch kann jeder Sinneseindruck, jeder Denkvorgang, jedes Gefühl, jeder Willensakt — also die Reizreaktion einer oder mehrerer psychischer Funktionen — zu einem Erlebnis werden.

Das Wichtigste an der Erlebnisfunktion ist die Tatsache, daß sie alle Eindrücke nicht nur passiv nach innen aufnimmt, sondern sie auch — im Unbewußten — in eine aktiv nach außen wirkende Kraft positiver oder negativer Art umwandelt. In diesem Sinne sind z.B. Erfolgserlebnisse von besonderer Bedeutung vor allem für den Redner, nicht nur für seine eigene Persönlichkeitsentwicklung, sondern auch vor allem bei der Führung und Beeinflussung anderer Menschen; Enttäuschungserlebnisse dagegen können zu Aggressivität führen.

### 2.2.3. Die Kardinaltriebe

Bei den bisherigen Überlegungen zu den Grundgesetzlichkeiten der Führungspsychologie wurde der Mensch nur als ein willenloses Objekt betrachtet, auf den man aktiv Einfluß nehmen will. So einfach liegen aber die Dinge wiederum nicht, denn jede Person hat doch auch eigene Strebungen, Wünsche, Triebe, Bedürfnisse, die nach Befriedigung drängen: einen Führungserfolg kann daher meist nur der erzielen, der bei der Beeinflussung der Geführten deren eigene Strebungen berücksichtigt.

Aber schon bei der Definition des Begriffes „Trieb" besteht in der Psychologie größte Uneinigkeit, manche modernen Forscher wollen auf ihn gänzlich verzichten. Während Sigmund Freud, der Vater der Psychoanalyse, noch das gesamte menschliche Verhalten auf den Sexualtrieb bezog, nennt Th. W. Adorno den Aggressionstrieb und den Sexualtrieb als die ausschlaggebenden. Konrad Lorenz, Verhaltensforscher und Nobelpreisträger, nennt drei wesentliche Strebungen, nämlich das Revierstreben, das Autoritätsstreben und das Streben nach Fortpflanzung. Im Wesentlichen deckt sich diese Auffassung mit der von Schleip, der in der entsprechenden Reihenfolge den Besitztrieb (das Haben-Wollen), den Geltungstrieb (das Sein-Wollen) und den Kon-

takttrieb (das Gemeinschaft-Wollen) nennt. Schleip bezeichnet
sie als Kardinaltriebe und läßt daher das Vorhandensein anderer,
gewissermaßen „Nebentriebe" offen. Er hat aber wohl recht mit
der Behauptung, daß diese drei Kardinaltriebe stets latent vorhanden seien und sich, je nach Bedarfssituation — also wenn sie
notleiden — zur Befriedigung in den Vordergrund drängen.
Nichtbefriedigung der Triebe führt zu Frustration (Tabelle 1).

Für den Redner müssen in diesem Zusammenhang vor allem
Überlegungen von Bedeutung sein, die seine Zuhörer nicht an
ihrer natürlichen Triebbefriedigung hindern und daher eine negative Einstellung (mangelndes Vertrauen zur Person des Redners) schaffen. Ein ganz einfaches Beispiel mag dies erläutern:
der Redner, der seine Zuhörer beschimpft, beleidigt oder auch
nur herabwürdigt, verstößt gegen deren Streben nach Befriedigung des Geltungstriebes und wird daher — von Sondersituatio-
nen abgesehen — kaum einen Beeinflussungserfolg verzeichnen
können.

Eine andere Auffassung ist in diesem Zusammenhang noch von
Bedeutung: die sogenannte Maslow'sche Bedürfnis-Hierarchie,
Bild 4, entspricht zumindest in ihren Stufen II, III und IV
ebenfalls den drei Kardinaltrieben. Allerdings ist bei Maslow
noch eine Wertstufung gegeben durch den Lehrsatz: wenn ein
Bedürfnis befriedigt ist, strebt der Mensch die Befriedigung des
nächsthöheren Bedürfnisses an.

Dies ist für den Redner deshalb von Bedeutung, weil er ja —
wie bereits erwähnt — eine (geistige) Führungsaufgabe zu bewältigen hat. Bei der Führung ist die *Motivation* der entscheidende Faktor; sie ist zu verstehen als Ansprechen, Schaffen und
Bewußtmachen von Beweggründen (lat.: movere = bewegen).
Wenn man sich klar macht, daß Beweggründe wiederum durch
Bedürfnisse geschaffen werden, dann weiß man auch, daß der
Redner unabdingbar die Triebe und Bedürfnisse seiner Zuhörer
einkalkulieren muß, will er nicht sozusagen im luftleeren Raum
wirken.

Tabelle 1. Führungspsychologische Grundgesetzlichkeiten.
Nach Dr.-Ing. Walter Schleip

---

A  Die Voraussetzungen

(Welche Voraussetzungen müssen für eine erfolgreiche Führungsbeeinflussung gegeben sein bzw. geschaffen werden? )

1. Positive Einstellung     a)  Vertrauen zur Person
                            b)  Interesse an der Sache
   (Merke: Eine der beiden Komponenten allein reicht nicht aus, um
   eine positive Einstellung zu erreichen!)

2. Relativ richtiges Maß — richtige Dosierung der Einflußnahme
   (Merke: es wird durch Beobachtung gefunden!)

3. Richtige Häufigkeit
   (Merke: wenn die Häufigkeit überzogen wird, schlägt sie um und
   bewirkt Abwehrreaktion!)

---

B  Die psychischen Funktionen

(Welche psychischen Funktionen des Menschen können zur Führungsbeeinflussung angesprochen werden? )

1. Sinnesfunktion — Sehen (83 %), Hören (11 %) usw.
   (Merke: die Sinne sind zwar körperliche Funktionen, sie bilden je-
   doch die Eingangskanäle in den psychischen Bereich. Je mehr
   Sinne angesprochen werden, desto intensiver und schneller ist die
   Wirkung!)

2. Denkfunktion — Erinnern, vergessen, planen, kombinieren etc.
   (Merke: es gibt unterschiedliche Denkertypen, dies ist abhängig von den Grundmustern!)

3. Gefühlsfunktion — Angst, Freude, Haß, Liebe, Vertrauen, Wut etc.
   (Merke: Gefühle sind unterbewußt ansteckend!)

4. Willensfunktion — Eifer, Fleiß, Energie, Mut, Ausdauer etc. (Merke:
   bewußtes Wollen wird vom Denken und Fühlen gesteuert, unbewußtes Wollen kommt aus der Erlebnisfunktion!)

5. Erlebnisfunktion — Erfahrung, Enttäuschung, Traum, Engramm
   etc. (Merke: jedes Erlebnis formt und wirkt, Enttäuschungserlebnisse bewirken Aggressivität!)

C  Die Kardinaltriebe

(Welche eigenen Antriebsmomente — Bedürfnisse — der Geführten
müssen bei der Führungsbeeinflussung berücksichtigt werden? )

1.  Besitztrieb — Haben-Wollen,
    dazu gehören Nahrungstrieb, Wissenstrieb, Informationsstreben,
    Sammeltrieb usw.

2.  Geltungstrieb — Sein Wollen,
    dazu gehören Ehrgeiz, Freiheitsstreben, Machttrieb, Anerkennungs-
    bedürfnis etc.

3.  Kontakttrieb — Gemeinschaftwollen,
    dazu gehören Sexualtrieb, Fortpflanzung, Spieltrieb, Herdentrieb
    etc.
    (Merke: alle Triebe sind gleichstark latent vorhanden, derjenige,
    der akut am meisten notleidet, schiebt sich in den Vordergrund
    und drängt nach Befriedigung!)

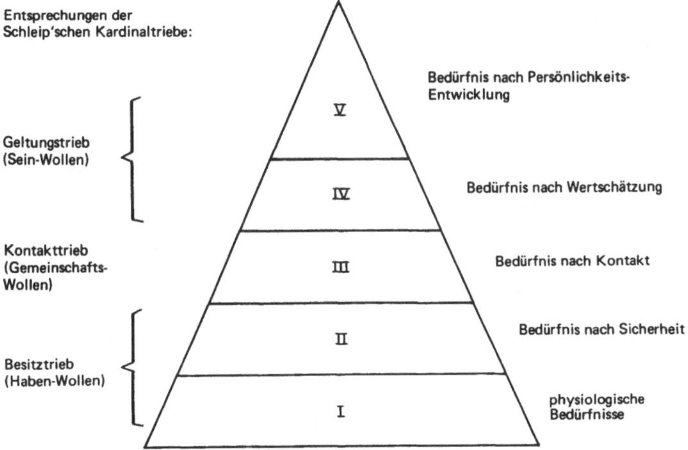


Bild 4. Bedürfnis-Hierarchie. Nach Maslow

## 2.3. Soziologie und Gruppenverhalten

Der Redner muß sich auch zumindest einige grundlegende Erkenntnisse des Gruppenverhaltens aneignen. Früher befaßte
man sich in der sogenannten Gruppenpsychologie mit diesen
Dingen; heute hat die Soziologie (Gesellschaftslehre) sie weitestgehend aufgesogen. Auch die sogenannten Gruppentheorien und
die Gruppendynamik, die sich als bedeutendes Wissensgebiet
aus der Betriebs-, Arbeits- und Sozialpsychologie im Zusammenhang mit der Psychotherapie entwickelt hat, spielen hier hinein.


### 2.3.1. Gruppenbegriffe

Da es für den Ingenieur, der als Redner vor eine Gruppe treten
muß, müßig wäre, sich ausführlich mit der Entstehung von Gruppen, den verschiedenen Gruppenarten und ihrer Zusammensetzung zu befassen, sollen diese Dinge hier nur gestreift werden.

Da ist zunächst der Begriff *Gruppe,* den als ,,Zwei oder mehrere
Personen'' zu analysieren nicht schwer ist. Aber bereits für die
verbale Kommunikation unterscheidet man zwischen dem Zwiegespräch (Dialog) und dem Gruppengespräch. Denn obwohl
auch zwei Personen zusammen bereits eine Gruppe bilden,
unterscheidet sich doch das Zwiegespräch vom Gruppengespräch
dadurch, daß bei ihm der Sprechende nur einen einzigen Gegen-
partner hat und sich daher auf diesen individueller — im relativ
richtigen Maß besser — einstellen kann als auf mehrere andere.
Für den Redner ist nur der zweite Fall von Bedeutung, denn
wenn jemand nur zu einer einzigen Person spricht, bezeichnet
man dies üblicherweise nicht als Rede.

Es gibt verschiedene Typologien von Gruppen, die jedoch hier
nur am Rande interessieren: man unterscheidet beispielsweise
*Primär-* und *Sekundär*gruppen oder andererseits *formelle* und
*informelle* Gruppen, auch werden sie oft differenziert nach
ihren Zielen wie z.B. Arbeitsgruppe, soziale oder religiöse Gruppe,

Freizeitgruppe oder Leistungsgruppe. Für den Redner ist nur
wichtig zu wissen, wie sich die Gruppe, die er ansprechen will,
zusammensetzt und welche Interessen und Ziele sie hat. Denn
dies muß er bereits bei der Vorbereitung seiner Rede (s. Abschn. 4) berücksichtigen, um das relativ richtige Maß — beispielsweise die richtige Tonart oder das richtige Niveau — zu
finden. Aber hier lassen sich keine geordneten Regeln oder Normen aufstellen, weil dies wohl in jedem Falle anders sein wird;
die entsprechenden Überlegungen sind ein Kernstück der Arbeitsvorbereitung des Redners.

## 2.3.2. Gruppeneigenschaften

Weil jede Gruppe aus menschlichen Einzel-Individuen besteht,
unterliegen auch die Gruppen generell den psychologischen
Gesetzlichkeiten, die unter Abschn. 2.2 erarbeitet wurden.
Daher müssen im Umgang mit einer Gruppe die gleichen Voraussetzungen — positive Einstellung, relativ richtiges Maß
sowie richtige Häufigkeit — geschaffen werden wie beim Ein-
zelmenschen. Die Gruppe ist auch auf die gleichen psychischen
Funktionen ansprechbar, also über die Sinne zur Denk-, Ge-
fühls-, Willens- und Erlebnisfunktion. Und die in der Gruppe
zusammengefaßten Individuen haben die gleichen Kardinaltriebe
und streben nach der gleichen Befriedigung ihrer Bedürfnisse,
d.h. sie wollen haben, sie wollen sein und sie wollen Gemein-
schaft.

Was jedoch der Redner besonders beachten muß, ist der Umstand, daß die Ansteckungskraft der Gefühle in der Gruppe sich
wesentlich stärker auswirken kann als beim Einzelnen; sie kann
bei größeren Gruppen so übersteigert stark werden, daß Verstan-
des- und Denkfunktionen völlig in den Hintergrund gedrängt
und Gefühle und Triebe alleinbeherrschend werden. Dies ist
besonders in der Massensituation sichtbar, da sich eine Masse
vornehmlich aus gefühlsmäßigen Bindungen aufbaut.

Und noch zwei besondere Eigenschaften der Gruppe gilt es, über die allgemeinen psychologischen Regeln hinaus zu berücksichtigen. Jede Gruppe hat das Streben nach Kohäsion einerseits und nach Distanzierung andererseits. Einfach ausgedrückt bedeutet dies, daß jede Gruppe nicht nur einen Zusammenhalt hat und ihn pflegt, sondern auch für Außenstehende attraktiv wirkt, die sich ihr anschließen wollen. Und gleichzeitig strebt die Gruppe danach, sich von anderen Gruppen abzuheben, abzugrenzen und Unterschiede besonders zu verdeutlichen.

### 2.3.3. Leistungsvorteile der Gruppe

In enger Verbindung mit diesen besonderen Gruppen-Eigenschaften stehen auch die Leistungsvorteile der Gruppe; darunter ist zu verstehen, daß die Gruppe gegenüber der Leistung eines Einzelnen größere Wirkung erzielen kann. Diese Leistungsvorteile finden sich im Bereich der *Motivation,* der *Autorität* sowie der *Kreativität.*

Die Gruppe kann auf das Individium, das ihr angehört, einen wesentlich größeren Motivationseinfluß ausüben als beispielsweise ein Einzelner, sei er auch mit wesentlich höherer Machtbefugnis ausgestattet. Das ,,Wir-Gefühl", das aus den vorgenannten Eigenschaften der Kohäsion und der Distanzierung entsteht und letzten Endes dem Kontakttrieb, dem Gemeinschaft-Wollen, entspringt, ist der Grund für diese Wirkung. Eng damit zusammen hängt auch die Gruppen-Autorität, die anzuerkennen das Mitglied einer der Gruppe eher bereit ist, als die Autorität eines Einzelnen, sei er auch noch so hochstehend, mächtig oder angesehen.

Bei Goethe finden wir den Satz vom ,,köstlichen Gespräch, wertvoller als Gold" (Die Auswanderer, Märchen), und der Dichter schätzt das Gespräch sicherlich deshalb so hoch ein, weil es Voraussetzungen für eine Erhöhung der Kreativität schafft. Dies wird wohl jeder schon einmal erlebt haben: bei der Lösung einer

Aufgabe oder eines Problems hat einem ein kurzes Gespräch
mit einem Freund oder Kollegen oft weiter gebracht als vorheri-
ges stunden- oder tagelanges Überlegen und Grübeln.

Diese Leistungsvorteile der Gruppe, die auch jeder mit Führungsaufgaben Betraute kennen und nutzen sollte, sind übrigens gar
nichts Neues. In den USA geht man schon vielfach damit um
und nennt sie „teamwork", und die Sowjetunion nützte sie seit
langem unter der allgemein bekannten Bezeichnung „Kollektiv".
Durch die Synergetik weiß man heute, daß „das Ganze mehr ist
als die Summe seiner Teile". Grundlagen für solche Synergie
sind die vorgenannten Leistungsvorteile, die die Voraussetzun-
gen.dazu schaffen.


## 2.4. Kommunikation und Lernen

Der Ingenieur, der eine Gruppe anzusprechen hat, will nicht in
allen Fällen eine Motivation ausüben, sondern oft auch Informationen vermitteln oder lehren, will Wissensstoff übermitteln
oder den Hörern Verhaltensweisen zugänglich machen, will
unterweisen, demonstrieren oder präsentieren. All diese Vorgänge haben etwas mit dem Lernen zu tun, aber es wäre auch
hier wieder unsinnig, sich mit dem Studium der Pädagogik, der
Andragogik, der Didaktik, der Informationstheorien, der
Kommunikationslehren und vieler anderer Bereiche zu befassen. Für den Ingenieur, der die Aufgabe hat, gelegentlich oder
gar öfter Wissen weiterzugeben, seien im folgenden zumindest
die wesentlichen Begriffe und Erkenntnisse aus diesen gesamten
Wissenschaftsbereichen aufgezeigt und — sofern erforderlich —
erläutert.


### 2.4.1. Pädagogik und Andragogik

Das Wort Pädagogik kommt von den beiden griechischen Wörtern paidos = Knabe und agoge = führen; es bedeutet also eigent-

lich „Knabenführung" und meint damit den gesamten Bereich
der Erziehung, dem sich auch die „Erziehungswissenschaften"
widmen. „Andros" heißt im Griechischen „Mann"; Andragogik
ist der erst seit nicht allzu langer Zeit gebrauchte Begriff für
Erwachsenenbildung. Die Sonderstellung der Andragogik ist
gerade durch die Erkenntnisse der modernen Gehirnforschung
entstanden.

### 2.4.2. Didaktik und Methodik des Lernens

Auch die Definition und Trennung dieser beiden Begriffe ist
sehr umstritten; es wird allgemein gesagt, daß die Didaktik als
Unterdisziplin der Pädagogik definiere, *was* zu lernen sei, während die Methodik definiere, *wie* es zu lernen sei. Aber hier
spielt auch noch der Begriff der Unterrichtstechnologie hinein,
die sich mit programmierter Unterweisung, Analyse des zu
lernenden Verhaltens, Diagnose der charakteristischen Eigenschaften des Lernenden, Spezifizierung der Lernbedingungen
und Messung und Verbesserung des Lernergebnisses befaßt.

Die Bloomsche Taxonomie (TEO Taxonomy of Educational
Objectives = Klassifikation von Lernzielen) ist eine pädagogische
Technik, die auch für den Laien gut überschaubar und — bei
entsprechender Einarbeitung — anwendbar ist. Diese arbeitet
mit 3 Lernzielen:

> der Vermittlung von neuem Wissen = kognitives Lernziel,
> der Veränderung der Einstellung = affektives Lernziel,
> dem Einüben richtigen Verhaltens = psychomotorisches
> Lernziel.

Ebenso können die Lernwege kognitiv, affektiv oder psychomo-
torisch sein, so daß eine Ausbildung mit ihren Wegen und Zielen
vorab präzise festgelegt und vorbereitet werden kann (s. Beispiel
Abschn. 6.5).

### 2.4.3. Lehrvortrag und Lehrgespräch (Lehrkonferenz)

Von der Hoch- oder Fachschule alter Prägung her — und daran
hat sich erfreulicherweise in den letzten Jahren einiges zum
Modernen hin verändert — sind die meisten noch gewöhnt an
den Lehrvortrag, die sogenannte Vorlesung. Sie war oft leider
tatsächlich eine Vorlesung im wahrsten Sinne des Wortes, weil
der Dozierende etwas vorlas (was man übrigens auch in seinem
Buch nachlesen konnte), während die Empfänger für geduldi-
ges Ausharren auch einen Hörerschein erhielten. Allein dieses
Wort demonstriert die einseitige Kommunikation, wie sie ech-
tem Lernen nur wenig nutzen kann.

Eine solche Art der Wissenvermittlung, die daraus resultierte,
daß viele unserer Dozenten zwar hervorragende Forscher, jedoch schlechte Lehrer waren, mußte zwangsläufig vielfach zur
Frustration der Studierenden führen, weil keine Trieb- bzw.
Bedürfnisbefriedigung erfolgte, weil die primitivsten psychologischen Voraussetzungen nicht geschaffen wurden und weil daher das Lernen über eine sture Paukerei oft nicht hinauskam.

In empirischen Untersuchungen hat man festgestellt, daß bei
einem Lehrvortrag im Durchschnitt ca. 8 % des vermittelten
Wissenstoffes beim Empfänger haften bleiben; bei pädagogisch
richtig aufgebautem und lernpsychologisch gut durchgeführtem
Lehrgespräch können dies bis zu 80 % werden — Grund genug
für denjenigen, der mit Belehrungen, Unterweisungen und jeglicher Form von Unterrichtung befaßt ist, sich mit den modernen Formen vertraut zu machen.

Das Lehrgespräch — vielfach auch Lehrkonferenz genannt — besteht anstelle eines „Frontal-Unterrichts" im wesentlichen aus
einer psychologisch gut geleiteten Gruppenarbeit, bei der die
Lernenden den Stoff mit Anleitung des Lehrenden — unter
Nutzung der Leistungsvorteile der Gruppe — selbst erarbeiten
und die so vermittelten Erfolgserlebnisse eine Speicherung im
Langzeitgedächtnis bewirken. Schon aufgrund der bisher erar-

beiteten relativ oberflächlichen Kenntnisse im Grundwissen,
wird jedem einleuchten, daß hier gegenüber den bisherigen
Lehr- und Lernmethoden noch riesige Rationalisierungsreser-
ven hinsichtlich der Effektivität vorhanden sein dürften, die
einzusetzen unsere Aufgabe ist. Der Ingenieur, der öfter zu
unterrichten hat, sollte sich auf jeden Fall neben den Bemühungen um seine rhetorische Fortbildung auch mit den Erkenntnissen der modernen Lerntheorien befassen, um nicht nur seine
eigene Arbeit zu rationalisieren, sondern auch eine wesentlich
größere Effektivität beim Empfängerkreis zu erreichen.

## 2.5. Rhetorik — die Redekunst

Schon diese Überschrift mag einen nüchtern und sachlich den-
kenden Ingenieur abschrecken; er wird die Feststellung treffen,
daß er schließlich kein Künstler sei und man eine Kunst ohne
entsprechende Veranlagung kaum erlernen könne. Nun, wenn
hier statt des Wortes Kunst — im Sinne des Musischen — der
Begriff des Könnens gesetzt wird, eine Fähigkeit also im Sinne
einer gestaltenden Leistung, dann dürften solche Bedenken aus-
geräumt sein. Und um in diesem Zusammenhang gleich auch
noch mit einem anderen Vorurteil zu brechen: Reden *kann man
lernen!* Dies ist kein beschwichtigender Satz eines zum Optimis-
mus verpflichteten Rhetorik-Lehrers, sondern eine jahrtausende-
alte Erfahrung, die sich immer wieder bestätigt hat. Allerdings
muß dabei eingeräumt werden, daß unterschiedliche Veranla-
gungen und Voraussetzungen auch unterschiedliche Fertigkei-
ten ergeben; dem einen fliegt das rednerische Können aufgrund
seiner natürlichen Begabung zu, während der andere mit viel
Schweiß und Mühen sich ein Können erarbeiten muß, das dann
auch nicht einmal entfernt den Grad der Vollkommenheit des
Naturbegabten erreicht. Dies alles sollte aber den Redebeflissenen nicht entmutigen, sondern ihm sogar die Gewißheit geben:
wer sich wirklich bemüht, wer sich intensiv mit den Grundlagen

befaßt und eifrig übt, wird mit der Zeit ein Redekönnen erreichen, daß er sich selbst vielleicht nie zugetraut hätte.

### 2.5.1. Begriffsbestimmungen

Das Wort *Rhetorik* bezieht sich auf die altgriechischen *Rhetoren*,
die nicht nur Redner im eigentlichen Sinne, sondern auch Rede-
lehrer und vielfach Philosophen waren. Um 427 v. Chr. kam der
erste historisch bekannte Rhetor Gorgias nach Athen; seine Funktion war — wie auch zunächst bei vielen seiner Nachfolger — die,
bei Prozessen der öffentlichen Gerichtsbarkeit das Wort zu ergreifen.

Als klassische Kunst entwickelte sich die Rhetorik dann auch
in Rom; schon im 4. Jahrhundert nach Chr. und später auch im
klassischen Mittelalter zählte man sie zu den drei Sprachkünsten
(Grammatik, Rhetorik und Dialektik). Sie gehörten zur sogenannten Artisten-Fakultät, aus der sich später die philosophische
Fakultät entwickelte. Interessant ist übrigens, daß in der Rhetorik des Mittelalters drei Aufgabenstellungen für den Redner ge-
lehrt wurden: er solle seine Hörer belehren (lat.: docere), ergöt-
zen (lat.: delectare) und bewegen (lat.: movere); dies entspricht
exakt dem Ansprechen der 3 psychischen Funktionen Denken,
Fühlen und Wollen.

Auch die *Dialektik* zählt zu den rhetorischen Künsten, sie war
sogar zeitweise Grundlage für eine griechische Philosophen-
schule. Man versteht sie als die Kunst des Streitgesprächs, jedoch keineswegs im negativen Sinne der bösartigen Auseinan-
dersetzung, sondern vornehmlich mit der Aufgabe, durch die
entstehende Kreativität der Wahrheitsfindung näher zu kommen. Der deutsche Philosoph Arthur Schopenhauer (1788 —
1860) befaßt sich in einer eigenen Abhandlung mit der *Eristik*
oder eristischen Dialektik, der Kunst, in einem Streitgespräch
recht zu behalten (abgeleitet von Eris = griech. Göttin der Zwie-
tracht). Dialektik und auch die *Homiletik* (Predigtkunde) sind
heute noch Lehrfächer an Theologischen Hochschulen. Auch die

*Topik* — die Lehre von den Allgemeinplätzen — zählt man noch
zum Rhetorischen, obwohl sie in der neueren Literaturwissen-
schaft zur Erforschung von Denk- und Ausdruckschemata gebraucht wird.

### 2.5.2. Arten der Rede

Das „Handbuch der Gesprächsführung" [4] nennt und erläutert
mehr als 70 Begriffe, die man als Arten der Rede bezeichnet.

Für den Ingenieur genügt es, sich mit den wichtigsten, im Zu-
sammenhang mit seinem Beruf stehenden zu befassen, unter
Einbeziehung auch einiger im gesellschaftlichen und familiären
Bereich vorkommender Arten.

Der Begriff der *Vorlesung* — hauptsächlich im akademischen
Bereich gebraucht — wurde bereits im Abschn. 2.4.3 (Lehrvortrag) gestreift und dabei auf seine lernpsychologisch geringe Wirkung hingewiesen; ein ablesender Redner, der an seinem Manuskript klebt, wird kaum die psychologische Voraussetzung Nr. 1,
die positive Einstellung seiner Zuhörer — weder Vertrauen zu
seiner Person noch Interesse an der dargebotenen Sache — bewirken können. Daher sollte man grundsätzlich den Begriff der
Vorlesung durch den des *Vortrags* ersetzen und sich auch mit
allen Mitteln bemühen, nicht ein Thema vorzu*lesen,* sondern vor-
*zutragen* in der wahren Bedeutung des Wortes, indem es den Hörern
*dargeboten* oder *nahegebracht* wird, auch räumlich verstanden.
Dazu dienen nach entsprechender Vorbereitung die Redetechniken, auf die in Abschn. 5 noch ausführlich eingegangen sei.

Sogar die meist trockene Vorlesung eines Berichtes (Referat)
kann durch eine entsprechende rhetorische Darbietung — beispielsweise Modulation der Stimme, Mimik und Gestik — zu
einem Vortrag im genannten Sinne werden und den Stoff leben-
diger und damit attraktiver den Hörern nahebringen. Es ist
grundfalsch, sich etwa auf den Standpunkt zu stellen, das ge-
höre sich nicht oder sei unter der Würde eines ernstzuneh-

menden Redners. Daß hiermit keineswegs etwa einer theatralischen *Deklamation* das Wort geredet werden soll, dürfte selbstverständlich sein. Aber eine *Demonstration* im Sinne einer anschaulichen Erläuterung oder einer bildhaften *Darstellung* kann auch den Bericht zu einem Vortrag werden lassen.

Die *Ansprache* ist meist mit irgendeinem Anlaß verbunden; man spricht dann etwa von einer Begrüßungs-, einer Fest-, einer Glückwunsch-, Trauer- oder Gedenkansprache. In den meisten Fällen handelt es sich bei der Ansprache nicht um reine Sachinformation, sondern um Themen aus dem menschlichen oder gesellschaftlichen Bereich, in denen eine Motivation erreicht werden soll. Daher wird es auch meistens zu einem Ansprechen der Gefühls- und Willensfunktion kommen; eine Ansprache, die sich ausschließlich an die Denkfunktion richtet, kann als menschlich kalt empfunden werden.

Eine besondere Form, die sowohl Ansprache als auch Rede sein kann, ist die *Laudation* (Laudatio), die Lobrede bei der offiziellen Ehrung einer Person oder einer Institution.

Den weitgefaßten Begriff der *Rede* als rhetorische Darbietung ganz allgemein eingrenzend versteht man unter einer Rede im engeren Sinne oft eine spontan oder gar frei gehaltene Rednerleistung, die sich vielleicht aus einer Diskussion ergeben hat. Der Begriff Rede ist in Zusammensetzung natürlich vielfach austauschbar mit den Begriffen Vortrag oder Ansprache; so kann man beispielsweise statt Festrede genauso Festvortrag oder Festansprache setzen. Auch parlamentarische Reden haben oft den Anschein des Spontanen, obwohl sie meist intensiv ausgearbeitet sind; dies gilt auch für Reden in Vereinen, Verbänden und in geschlossenen oder öffentlichen Versammlungen.

Einen besonderen Platz nehmen die *Tischreden* ein, nicht nur wegen ihrer oft in der Relation zum eigentlichen Zweck des Zusammenseins, dem Essen, unverhältnismäßigen Länge, sondern auch wegen ihrer besonderen Situation zur Hebung der

Geselligkeit. Hierzu zählen ebenfalls die *Trinksprüche,* vom Englischen her auch als „Toast" bezeichnet.

Es wäre — wie bereits erwähnt — müßig, hier noch auf viele weitere Begriffe wie z.B. Jungfernrede, Plädoyer, Predigt oder Damenrede einzugehen, die sich einerseits aus bestimmten Situationen von selbst erklären, andererseits für den Ingenieur von untergeordneter Bedeutung sein können.

## 2.6. Zielsetzung und Wahl der Mittel als Regelkreisvorgang

Der Redebeflissene hat nunmehr die grobe Erarbeitung des Grundwissens abgeschlossen und steht an der Schwelle zur eigentlichen rhetorischen Praxis. Doch bevor er diese überschreitet, muß er sich noch einmal bewußt machen, daß er am Anfang einer Steuerstrecke steht, auf der er ständig kybernetische Anpassung nach dem Prinzip des Regelkreises vornehmen muß.

Führen bedeutet, einen oder mehrere Personen so zu beeinflussen, daß sie ihren Standort (lokal) bzw. ihren Standpunkt (geistig) ändern. In diesem Sinne sind übrigens die psychologischen Grundlagen des Führens kongruent mit denen des Verkaufens und des Lehrens. Das Reden — also die verbale Einflußnahme eines Einzelnen auf eine Gruppe — ist ein Mittel, alle Faktoren des Führens (wie auch beim Verkauf und beim Lehren) wirksam werden zu lassen. Die vier Faktoren des Führens seien in Bild 5 noch einmal in einem vereinfachten Regelkreis dargestellt:

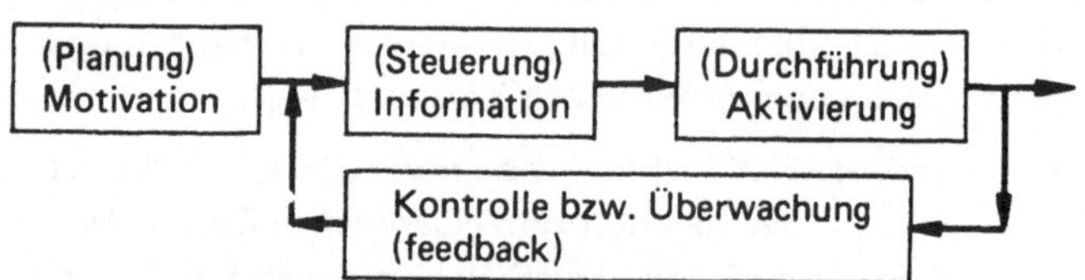


Bild 5. Faktoren des Führens im Regelkreis.

Für den Redner, der die Absicht hat, mit verbalen Mitteln eine
Gruppe zu beeinflussen, bedeutet dies, daß er sich intensiv Gedanken machen muß über seine Zielsetzung, über den Empfängerkreis, über die Wahl der psychologischen und rhetorischen
Mittel, über die Möglichkeiten von Störungsfaktoren, die das
Erreichen des Zieles behindern können, sowie über die Meß- und
Regelgrößen, die er bei dem gesamten Ablauf einsetzen kann
oder muß. Aus all diesem erhellt, daß Arbeitsvorbereitung für
eine rednerische Leistung ein ebenso wichtiger Faktor ist wie
beispielsweise für den Ablauf einer Produktion. Diese nicht
ernst zu nehmen bzw. zu glauben, man könne auch ohne sie
auskommen, ist der grundlegende Fehler aller rednerisch man-
gelhaften Leistungen. Oder umgekehrt ausgedrückt: je besser
die Arbeitsvorbereitung durch den Redner betrieben wird, desto
sicherer kann er sein, eine Wirkung im Sinne seiner Zielvorstellungen zu erreichen.

*Von Churchill, der als guter Parlamentsredner bekannt war,
weiß man, daß er seine Reden tagelang vorher intensiv vorbereitete und sie seiner Frau oder der Putzfrau vorsprach.
Darüberhinaus ging Churchill noch weiter: er baute in seine
Reden bestimmte provozierende Bemerkungen ein, von
denen er mit Sicherheit erwarten konnte, daß sie ihm von
der Opposition auch bestimmte Zwischenrufe einbringen
würden. Und auch auf diese zu erwartenden Zwischenrufe
bereitete er treffende Antworten vor, so daß er — bei der
Praktizierung dieser Dinge — seinen Ruf als besonders schlagfertiger Redner festigen konnte.*

Und eine Anekdote mag uns als ein weiteres Beispiel dazu dienen, wie ernst von einem guten Redner die Arbeitsvorbereitung
genommen werden sollte:

*Ein bekannter Schriftsteller — der Name ist nicht überliefert —
wurde einmal bei einem Festbankett von dem Veranstalter
gebeten, doch eine kurze Ansprache zu halten. Er lehnte*

Damit ist zum Ausdruck gebracht, daß es einer intensiven Arbeitsvorbereitung bedarf, bei einer Rede auch wirklich etwas auszusagen. Ein bloßes Daherreden aber, mit dem weder dem Redner noch den Zuhörern gedient ist, braucht keine besondere Vorbereitung. So gebraucht man bei solchem Redner auch oft scherzhaft die Wendung „Er hat eine Stunde lang gesprochen, ohne etwas zu sagen!"

In diesem Sinne der intensiven Arbeitsvorbereitung sollten auch die beiden folgenden Abschnitte 3 und 4 über die Vorbereitung der Rede und des Redners mit besonderer Aufmerksamkeit verarbeitet und in ihrer Bedeutung bewußt gemacht werden.

## 3. Vorbereitung der Rede

Der Redner sollte sich, ehe er an die eigentlichen Vorbereitungen für die Rede geht, die geringe Mühe machen, seine Zielvorstellung — also das, was er erreichen möchte — sowie die Zielgruppe — also den Empfängerkreis, bei dem er dieses Ziel erreichen möchte — ganz eindeutig zu definieren und sich auf einen Zettel zu schreiben. Dies gilt gleichermaßen für einen kurzen Trinkspruch wie für einen Lehrvortrag, für eine große Festrede wie für einen Sachbericht oder einen Problemlösungs-Vorschlag. Und der kleine Trick, sich diese Ziele vorab aufzuschreiben, wird den Redner bei der gesamten weiteren Arbeit dazu bringen, diese Ziele nicht aus den Augen zu lassen und alle Wahl der Mittel an ihnen zu orientieren. Denn je mehr sich der Redner mit seiner Einstellung zu diesen Zielen befaßt, desto sicherer kann er auch sein, bei der Vorbereitung und Darbietung der Rede das „relativ richtige Maß" zu treffen und die Chance zu haben, eine optimale Wirkung zu erreichen.


### 3.1. Materialsammlung

Obwohl dies leider in der Hast unserer Tage nicht immer der Fall sein wird, sei zunächst einmal davon ausgegangen, daß dem Redner für seine Vorbereitung ausreichend Zeit zur Verfügung steht. Wie überhaupt bei allen Ratschlägen für den Redner, die im folgenden gegeben sind, immer vom Idealen ausgegangen werden soll — unbeschadet dessen, daß sich das Optimale zwar nicht immer verwirklichen läßt, daß man aber zumindest wissen muß, wie es sein sollte, und versuchen muß, soviel wie möglich davon zu erreichen.

Der Redner wird seine Materialsammlung während der Zeit, in
der er mit dem Thema gewissermaßen „schwanger" geht, aus
drei Quellen zusammenstellen: dem eigenen Wissen, der Literatur sowie den Gesprächen mit anderen Menschen. Günstig
wird es sein, daß er sich ständig in dieser Zeit Notizen macht;
sei dies nun auf einen Schreibblock, den er stets mit sich führt
und evtl. auch nachts greifbar hat, oder durch Zettel, die er
vielleicht schon während der Vorarbeit ordnet oder gar von
vornherein — unter Verwendung verschiedenfarbigen Papiers
— für bestimmte Themenbereiche einteilt. Bei dieser Sammel-
arbeit kann schwer mit einer zeitlichen Systematik und
Reihenfolge vorgegangen werden, doch sollte die Basis auf
jeden Fall die Verdeutlichung des eigenen vorhandenen Wissens sein.

Sobald man sich darüber eine Übersicht verschafft hat, wird es
leichter fallen, den zweiten Punkt der Materialsammlung
— das Durchsehen sowie Auswerten der einschlägigen Fachliteratur — anzugehen. Denn nun hat man bereits einen Überblick, wo man im Wissen Lücken hat und was noch zu beschaf-
fen notwendig ist.

Parallel aber mit diesem Punkt muß schon der dritte Teil der
Materialsammlung in Angriff genommen werden, der hinsichtlich seiner Bedeutung und seiner Ergiebigkeit vielfach unter-
schätzt wird: Gespräche mit Freunden, Bekannten oder Fachleuten über die Thematik.

Hier gilt wiederum das, was bereits bei den Leistungsvorteilen
der Gruppe (Abschn. 2.3.3) hinsichtlich der Kreativität gesagt wurde: die Nützlichkeit und Fruchtbarkeit solcher Gespräche bezüglich der entstehenden Anregungen, Denkan-
stöße oder gar Erleuchtungen kann gar nicht hoch genug ein-
geschätzt werden. Leider haben vielfach gerade Menschen
introvertierten Typs ausgesprochen Hemmungen, andere Menschen hinsichtlich ihrer Probleme, Überlegungen oder Fragen
anzusprechen, — oft aus der Furcht heraus, der andere könnte

sie für unwissend oder aufdringlich halten. Solche Hemmungen sollte man unbedingt versuchen, zu überwinden, weil sie nicht nur hinderlich, sondern meist auch unbegründet sein können. Der Gehemmte wird erstaunen, wie viele Menschen, einmal vertrauensvoll um ihre Meinung oder gar ihren Rat gefragt, positiver reagieren als er erwartet hat.

Diese sich oft aus irgendeiner Situation oder Gelegenheit ergebenden Gespräche werden neben der gesamten Zeit der Materialsammlung einherlaufen und ständig Anregungen geben, die zur Ergänzung des eigenen Wissens sowie zur weiteren Heranziehung von Fachliteratur beitragen. Am Ende der Aktion der Materialsammlung wird der Redner dann wahrscheinlich auch noch neue Erkenntnisse zusätzlich zu seinem ursprünglichen Wissen erhalten haben, die ihm für die nun folgende Ordnung des Materials und sein weiteres Vorgehen entscheidend wichtig sind.


## 3.2. Ordnung und Gliederung

Sofern nun das gesamte Material — beispielsweise in Zetteln gesammelt — vorliegt, wird der Redner daran gehen, es zu sichten und zu ordnen. Vieles wird sich als überflüssig oder nur am Rande wichtig erweisen, manche Erkenntnisse sind doppelt oder greifen sehr stark ineinander, und manche Gesichtspunkte, die vielleicht am Anfang der Arbeit nebensächlich erschienen, haben offensichtlich größere Bedeutung als vermutet. Der Redner muß zwar diese Sichtung und Bewertung vornehmen und gleichzeitig aber auch an das Wort von der „weisen Selbstbeschränkung" denken. Denn sehr oft wird man zu irgendeinem Punkt kommen, wo man schier darüber verzweifeln möchte, wenn man die Menge des Stoffs mit der für den Vortrag zur Verfügung stehenden Zeit vergleicht. Hier hilft manchmal nur rigoroses Kürzen oder Zusammenstreichen, ähnlich wie bei einem Baum das Beschneiden von Trieben ein Auswuchern verhindert. Goethe sagt: „In der Beschränkung zeigt sich erst der Meister!".

Für die nunmehr zu erstellende *Gliederung* wird der Redner sich am besten an das altvertraute Schema des Schulaufsatzes halten, das sich aufteilt in A) Einleitung, B) Hauptteil, C) Schluß. Eine solche Gliederung ist in fast allen Fällen praktikabel; sogar beispielsweise für einen Trinkspruch mag Churchills Ratschlag für eine gute Rede gültig sein; er lautet: *Eine gute Rede besteht aus einem interessanten Anfang, einem wirkungsvollen Schluß — und der Zwischenraum zwischen beidem soll so gering wie möglich sein.* Dies kann natürlich nicht gelten für einen Sachvortrag oder einen Bericht, dessen Hauptaussage in einem ausführlichen, womöglich noch in verschiedene Teilbereiche untergliederten Hauptteil besteht. Die Gestaltung und Aufgliederung eines solchen *Hauptteils* ist so sehr abhängig von der Thematik und der Zielsetzung, daß hier keine allgemein gültigen Ratschläge gegeben werden können. Eines sollte aber auf jeden Fall berücksichtigt werden: wenn der Hauptteil differenziert, vielgestaltig und untergliedert sein muß, dann sollte der Redner daran denken, diese Untergliederung den Zuhörern erkennbar zu machen, damit während des Vortrags jeder weiß, bei welchem Punkt man sich zur jeder Zeit befindet. Nichts kann nämlich dem Redner für seine Wirkung abträglicher sein als der Umstand, daß seine Zuhörer schon bei der kleinsten Unaufmerksamkeit den Anschluß an das Gesagte verlieren, nicht mehr mitkommen und dementsprechend abschalten.

Bei der *Einleitung* sollten folgende Punkte nach Möglichkeit nicht vergessen werden: Begrüßung, Themendefinition, Modus des Vorgehens. Zur Begrüßung muß gesagt werden, daß sie vom Redner, von der Situation und von der Zielgruppe abhängig ist. Auf jeden Fall muß sich der Redner die Anrede sehr genau vorher überlegen, weil eine unglückliche oder ungeschickte Anrede bereits negative Vorurteile bei den Zuhörern bilden kann, die dann später schwer auszuräumen sind. Zu seiner Person sollte

der Redner nur soviel sagen, wie im Zusammenhang mit der
Thematik erforderlich ist; bei vielen Veranstaltungen wird es
so sein, daß der Leiter vorab einiges über den Referenten sagt.

Dies kann natürlich ebenso hinsichtlich der Themendefinition
gehandhabt werden; sollte jedoch der Leiter dazu keine Ausführungen machen, dann kann der Redner in knappen Worten das
Thema umreißen, etwa auch darlegen, wieso er darüber spricht,
und notfalls begründen, warum es — seiner Ansicht nach — behandelt werden sollte.

Insbesondere bei einem sehr komplexen Thema oder der Unter-
teilung des Hauptteils in mehrere Teilthemen sollte der Redner
in Kürze dieses Vorgehen erläutern und begründen; dies ist für
die Zuhörer deshalb von Bedeutung, weil sie daraus erkennen,
daß der Redner nach einem exakten Plan vorgehen wird, und
befriedigt vor allem die abstrakt-logischen Denkertypen unter
ihnen.

Je nachdem um welche Art der Rede es sich handelt, wird der
*Schluß* gestaltet werden müssen. Bei einem Trinkspruch mag
es nur ein „zum Wohl" oder „Darauf wollen wir trinken!"
sein, bei einem Bericht kann man einen Schlußüberblick geben
und ein Fazit ziehen, bei einem Vortrag, in dem es zu überzeugen gilt, eine Aufforderung an die Hörer richten und vieles
andere mehr. In jedem Fall muß sich der Redner klar darüber
sein, daß er eine Motivation schaffen muß — und sei es nur die
des zustimmenden Beifalls, durch den die Zuhörer ausdrücken,
daß sie mit den Ausführungen zufrieden waren. Der Redner
muß sich daher die Formulierung des Schlusses sehr genau vorher überlegen und sie nicht etwa dem Zufall überlassen nach
dem Motto „Mir wird schon etwas einfallen!" Im Gegenteil,
nichts bedarf einer solch sorgfältigen Vorbereitung wie die
Schlußsätze, will der Redner wirklich sicher sein, die erstrebte
Motivation zu schaffen.

Diese Schilderung mag hoffentlich dazu beitragen, daß der Redebeflissene es sich zum unabdingbaren Grundsatz macht, den
Schluß intensiv vorzubereiten, notfalls auswendig zu lernen
oder wortwörtlich abzulesen, um allen Unannehmlichkeiten,
die aus einem schlechten, unpassenden oder gar abgehackten
Schluß entstehen können, vorzubeugen. Kein Punkt der Arbeitsvorbereitung sollte als wichtiger erachtet werden als dieser,
denn da Menschen — und Zuhörer sind auch solche — stets geneigt sind, pauschal zu urteilen, kann trotz eines glänzend vor-
angegangenen Vortrags das Gesamturteil negativ ausfallen, wenn
ein schlechter Schluß dies auslöst.

### 3.3. Erstellen der Redeunterlagen

Nach der Sammlung und Ordnung des Stoffes wird der Redner
nun daran gehen, das erarbeitete und gegliederte Material zu
Unterlagen zusammenzustellen, die er bei der Rede verwenden
kann. Hier sei zunächst einmal darauf hingewiesen, daß diese
Aufgabe sich zwangsläufig mit den in Abschn. 5 (Auftreten des
Redners) abzuhandelnden Punkten überschneidet. Es muß daher
dem Umstand Verständnis entgegengebracht werden, daß viele
Dinge über rednerische Techniken und Verhaltensweisen nun
schon vorweggenommen werden müssen, jedoch liegt dies in
der Natur der Sache.

Wenn das oberste Prinzip für rednerisches Verhalten lautet, daß der Redner bei seinem Vortrag so *viel* wie möglich in die *Augen* seiner Zuhörer und so *wenig* wie möglich auf sein *Manuskript* blicken soll, dann hat dieser Grundsatz zwei psychologische Begründungen, die in den Voraussetzungen der führungspsychologischen Regeln zu finden sind: die positive Einstellung sowie das relativ richtige Maß.

Bei einem Redner, der seine Zuhörer nicht anblickt, weil er die überwiegende Zeit seines Redens damit verbringt, auf seine Redeunterlage zu schauen, muß zwangsläufig folgende psychologische Reaktion bei den Zuhörern ablaufen: Der sieht ja gar nicht von seinem Manuskript auf! — Warum blickt der immer auf sein Blatt? — Wohl, weil er seiner Sache nicht sicher ist! — Warum ist er seiner Sache nicht sicher? — Weil er wahrscheinlich nichts kann! — Wenn er nichts kann, dann habe ich auch nichts von ihm zu erwarten! — Am besten wird es sein, wenn ich gar nicht zuhöre! — Schade, daß ich überhaupt hierhergekommen bin, schade um die verlorene Zeit! — So entsteht das Ergebnis: kein Vertrauen zur Person und kein Interesse an der Sache, somit also eine negative Einstellung und damit Nichterfüllung der wichtigsten Voraussetzung zur Menschenbeeinflussung.

Bei der zweiten Voraussetzung zur Menschenbeeinflussung, der Wahl des relativ richtigen Maßes, heißt es, daß dies durch Beobachtung erreicht werden kann. Der Redner, der sein Publikum nicht anblickt, ist außerstande, die entstehenden Reaktionen der Zuhörer, Aufmerksamkeit, Interesse, Zustimmung, Ablehnung, Langeweile, Ermüdung u. v.a.m. zu beobachten und zu registrieren, also in seinem Redeverhalten sich darauf einstellen.

Dies ist die ausführliche psychologische Begründung, warum der Redner möglichst viel in sein Publikum blicken soll — und dieses oberste Prinzip wirkt sich natürlich auch auf die Erstellung der Redeunterlagen aus. Welche Technik des Gebrauchs der Redeunterlagen der Redner bei seinem Vortrag verwendet, ist abhängig von seinem Können; es gibt hier keine Normen oder gar die Erfüllung eines Solls. Jeder Redner muß von den nun folgenden Techniken diejenige wählen, die seinem rednerischen Können entspricht; eine zu schwierige Technik zu wählen wäre vergleichbar mit einem Turner, der ohne Vorübungen, ohne entsprechende Unterweisung und Training sich an eine Übung wagen würde, die weit über seinem derzeitigen Leistungsstand liegt und an der er naturgemäß scheitern muß. — Auf die einzelnen Techniken des Umgangs mit den Redeunterlagen soll nun im folgenden eingegangen werden, um daraus zu demonstrieren, wie man die dazu erforderlichen Redeunterlagen optimal erstellt.

### 3.3.1. Auswendiglernen des Manuskriptes

Manche Redner glauben, es sei doch wohl am sichersten, das erstellte Manuskript auswendig zu lernen. Auch wenn die Sache ein wenig mühsam sei und Zeit koste: es könnte dann doch nichts passieren. Weit gefehlt: gerade dem Redner, der sich so verhält, können zwei entscheidende Fehlleistungen unterlaufen. Zum ersten kann er bei seinem Auswendiggelernten steckenbleiben und — durch den erhöhten Streß und die damit verbundene Nervosität — eine Denkblockade haben, die zur klassischen Blamage führen kann; dem Angsttraum eines jeden, der schon einmal vor einer Redeleistung gestanden hat. Und die zweite Fehlleistung, die durch das Auswendiglernen entstehen kann, ist die der Farblosigkeit. Auswendig Gelerntes verlangt bei der Wiedergabe eine sehr konzentrierte Erinnerungsleistung, verbunden mit Automatismen. Da bleibt kaum Raum für gefühlsmäßiges Engagement, für menschliche Wärme, passende Betonung oder inneres Mitgehen, das in der Stimme erkennbar wird. Es wird der Eindruck einer unlebendigen Perfektion erweckt; die negative Wirkung werden die Zuhörer spüren und entsprechend reagieren.

### 3.3.2. Lesen mit schweifendem Blick

Zwei Gründe können den Redner dazu veranlassen, sich der
Technik des Lesens mit schweifendem Blick zu bedienen: zum
einen, daß der Redner wenig geübt ist und wenig Selbstvertrau-
en hat, zum anderen, daß es sich um einen Redetext handelt,
der — aus was für Gründen immer — wortwörtlich gesprochen
werden muß. Tatsächlich aber sollte eigentlich jeder Redebeflissene diese Technik des Lesens mit schweifendem Blick üben
und zu beherrschen versuchen; sie wird ihm beim späteren Fort-
schreiten seiner rednerischen Leistung stets eine gute Grundlage sein.

Diese Methode besteht darin, daß der Redner zwar den zu sprechenden Text wortwörtlich vor sich liegen hat und auch abliest,
aber mit entsprechend eingeübter Technik — und dies geht nicht
ohne intensive Vorübungen — durch vielmaliges Blicken in sein
Publikum nicht den Eindruck erweckt, er lese ab. Die Zuhörer
werden den Eindruck gewinnen, daß der Redner zwar eine Redeunterlage vor sich liegen habe, aber keineswegs am Blatt klebe,
sondern relativ gut frei formuliere. Diese Technik gibt dem
Redner ein hohes Maß an Sicherheit, nicht stecken zu bleiben
und nichts Falsches zu sagen, erweckt aber andererseits das notwendige Vertrauen beim Publikum.

Ehe jedoch der Redner an das Vorüben geht, muß er sich das
Manuskript entsprechend zusammenstellen, — so erstellen, daß
auch unter dem Streß der Darbietung er sich nicht verlesen
kann. Denn da die Technik des Vortragens in diesem Falle darin
besteht, daß der Redner immer abwechselnd in sein Publikum
und dann wieder auf sein Manuskript blickt — und das möglichst in einem Verhältnis von 50 : 50 oder noch mehr zu-
gunsten des Blicks zu den Zuhörern — ist verständlicherweise
die größte Gefahr für den Redner die, nach dem Hochblicken
nicht mehr die Anschlußstelle im Text zu finden.

Daher ist die Grundforderung für jedes Manuskript, daß es so
groß und so übersichtlich wie möglich geschrieben sein soll,
damit der Redner nicht auch noch Leseschwierigkeiten bekommt.

*Es muß wohl eine Relikt aus der Schulzeit sein, wenn viele
Redner eine ausgesprochene Schamhaftigkeit im Umgang
mit ihren Redeunterlagen an den Tag legen. Erinnerungen
an den Spickzettel, an Klassenarbeiten und Strafaufgaben
wegen Verwendung unerlaubter Hilfen mögen die unterbewußten Gründe dafür sein, daß sich manche Redner ausge-
sprochener Winz-Zettel als Redeunterlagen bedienen und
diese auch noch am liebsten im Ärmel verstecken möchten.
Nein — eine Redeunterlage vor sich zu haben und sie auch
offen zu verwenden, ist keine Schande, sondern für den kun-
digen Hörer eher ein Grund, Zutrauen zu diesem Redner zu
fassen, der offensichtlich sich gut vorbereitet hat und nichts
dem oft tückischen Zufall überlassen will.*

Wenn man über ein Rednerpult verfügen kann, dann ist das ange-
messene Format für das Manuskript die DIN A4-Seite, auf der
man bei der Manuskript-Erstellung übersichtlich operieren kann.
Hat man kein Rednerpult und muß freistehend sprechen, dann
wird man für die Blätter, die man als Redeunterlage in der Hand
hält, zumindest das Querformat DIN A 5 wählen, um noch gut
ablesen zu können.

In diesem Zusammenhang seien noch zwei wichtige Hinweise
gestattet: Man sollte niemals die Rückseiten der Blätter beschreiben — also an Papier sparen — weil nicht nur das Umblättern stören kann, sondern auch die Gefahr besteht, daß man ein
Blatt zweimal nacheinander umblättert und dann durcheinander-
kommt. Und außerdem kann es störend sein, wenn beim Hochhalten der Blätter die Zuhörer die beschriebene Rückseite des
Blattes sehen und sich dadurch etwa ablenken lassen. Der zweite
Hinweis: man sollte seine Manuskriptblätter groß und deutlich

numerieren, sonst können dem Redner bei einem Windstoß
oder einem Herunterfallen der Blätter die größten Unannehmlichkeiten entstehen. Es kann schon bis zur Grenze der Komik
gehen, wenn der Redner heruntergefalle Manuskriptblätter ein-
sammelt und dann mühsam sortieren muß, ehe er fortfahren
kann.

Der erstellte Text, von dem noch nicht erwähnt wurde, daß er
beim Verfassen mehrmals laut gesprochen werden muß, damit
eine Rede und nicht eine „Schreibe" entsteht, ist dann noch
entsprechend *auszuzeichnen,* d.h. mit entsprechenden Markie-
rungen zu versehen. Der Einfachheit halber wurde — mit freundlicher Genehmigung des Verlages — dem bereits mehrfach zitier-
ten „Handbuch der Gesprächsführung" [4] ein Muster entnommen, wie eine solche Manuskript-Auszeichnung aussehen kann;
dazu folgende Erläuterung aus dem Handbuch:

*Das Wort „auszeichnen" entstammt der Fachsprache der
Drucker und bedeutet, etwas mit Symbolen oder typogra-
phisch hervorzuheben. In diesem Sinne sollte sich auch der
Redner seinen Text, den er vorlesen will, so auszeichnen,
daß ihm das Ablesen erleichtert wird und er dabei zugleich
Hilfen für Betonungen, Pausen und die Anwendung anderer rhetorischer Mittel bekommt. Diese Auszeichnung sollte
sehr intensiv angewandt werden, denn sie dient als Hilfe für
den Redner zu einem Zeitpunkt, an dem er — vor dem Publikum stehend — aufs höchste angespannt und konzentriert
sein muß. Durch diese Konzentration wird er manche Dinge
vergessen, die er sich zuvor mit viel Mühe eingelernt hat —
die Symbole der Auszeichnung werden ihn in diesem Augenblick daran erinnern.*

*In der modernen Lyrik schuf Ernst Jandl (1925) — bekann-
tester Vertreter der Wiener Gruppe — visuelle Gedichte, Laut-
gedichte und Lese- und Sprechgedichte, die unter dem Ober-
begriff „Konkrete Lyrik" bereits in die Literatur eingegangen*

*sind. In diesen Gedichten ist die visuelle Anordnung des ge-
samten Werkes — Wörtern, Buchstaben und Zeichen — Anleitung für den akustischen Ausdruck und gleichzeitig Sinnge-
halt.*

*Wir haben einmal den Text einer kurzen Rede mit Auszeich-
nungen versehen, um zu verdeutlichen, wie man eine solche
Vorbereitung bewerkstelligen kann. Dabei ist es jedem Redner überlassen, diese oder andere Zeichen zu verwenden — gewissermaßen seinen Privat-Code zu schaffen; es gibt darüber
keine allgemein gültigen Vorlagen. Entscheidend muß sein,
daß der Redner damit fertig werden kann und ihm die Zeichen eine Hilfe bieten, seinen Vortrag rhetorisch besser zu
bewältigen, und dazu beitragen, daß er nicht abgelesen wirkt.*

### 3.3.3. Mischtechnik

Die positive Wirkung, die der Redner bei den Zuhörern erzielt,
wenn er die Technik des Lesens mit schweifendem Blick gut
beherrscht, kann noch erhöht werden durch die Anwendung
der Mischtechnik. Während er sich bei der erstgenannten noch
bemüht, möglichst große Teile eines Satzes frei hinausblickend
zu sprechen, aber trotzdem völlig an den Wortlaut seines Manuskriptes gebunden bleibt, gestattet ihm die Mischtechnik, dem
Traumziel aller Redebeflissenen — der freien Rede — ein wenig
näher zu kommen. Der Redner wird bei ihrer Anwendung alle
die Stellen seines Vortrages, bei denen es auf exakte Formulierung des zu Sagenden ankommt, niederschreiben und mit
schweifendem Blick lesen. Dies gilt auch für diejenigen Stellen,
für die er eine optimale Formulierung in der Vorbereitung gefunden hat, die er jedoch fürchtet, unter dem Streß der rednerischen Darbietung nicht wieder so gut in freier Rede treffen zu
können.

Wenn Du, Redebeflissener, Deinen Vortrag vorbereitest,

dann solltest Du dies so intensiv  wie nur irgend möglich tun !

Es genügt nicht, wenn Du Dir etwas                aufschreibst , das Du selbst hinter=
her nicht mehr lesen kannst, weil es so eng geschrieben, so ft korrrigiert und auch -
im Satzbau und in den Formulierunger - so verschachtelt ist, daß Du in dem Augenblk
, da Du vor das Publikum hintreten musst (und da stehst Du ja unter grösster Nerven=
anspannung!), nicht in der Lage sein kannst, das   ufgeschriebene mit den Augen aus=
einander zu bringen und es sinngemäs vorzutragen.

Am besten ist, wenn Du möglichst kurze Sätze baust.

Du solltest mit der Technik des "Lesens mit schweifendem Blick" arbeiten.

Um sicher zu sein, daß Deine Augen nicht in den Zeilen "verrutschen",

solltest Du nicht nur in möglichst grossen Zeilenabständen schreiben,

sondern Dein Manuskript auch entsprechend auszeichnen, also markieren,

dess Du es auch noch unter nervlicher Belastung gut lesen und sprechen kannst.

Dazu wird es gut sein, wenn Du jeden Satz - oder gar schon Halbsatz -

    mit einer neuen Zeile beginnst.

Stellen, an denen Du atmen musst,  kannst Du Dir durch senkrechte Striche deutlich

    markieren;    Pausen  können bezeichnet werden,   indem man einfach

    an diesen Stellen     entsprechende Abstände  einrichtet.

Hervorhebungen dessen, was Du betonen möchtest,

    kannst Du durch Unterstreichungen deutlich machen;

    ebenso kannst Du auch Stellen, an denen Du die Stimme heben oder senken

    oder auch wo Du lauter werden willst, entsprechend markieren.

Schliesslich kannst Du sogar bestimmte Gesten andeuten,

    etwa einen    zeichnen, wo Du warnend den Finger erheben willst,

    oder ein solches Zeichen        als Erinnerung für Dich,

    daß Du hier auffordernd in die Runde blicken wolltest.

Insgesamt solltest Du jede optische Hilfe anwenden,

    die es Dir ermöglicht,  mit Deinen Redeunterlagen leichter umzugehen,

    damit Du öfter und länger in Dein Publikum blicken kannst.

Deiner Erfindungsgabe sind keine Grenzen gesetzt, wenn dieses Ziel erreicht wird

Alle anderen Teile des Manuskriptes, in denen er sich so sicher fühlt, daß er glaubt, sie frei sprechen zu können, wird er nur als Stichwörter zwischen die Stellen einfügen, die er wortwörtlich abzulesen gedenkt. Diese Methode der Mischtechnik, also des vorbereiteten Wechsels zwischen Ablesen und freiem Sprechen, hat den Vorteil, daß sie noch vertrauenserzeugender beim Publikum wirkt, das — wenn der Redner die Übergänge zwischen den beiden Techniken geschickt handhabt — nur registriert, der Vortragende spreche fast völlig frei und werfe nur ab und zu einen Blick auf sein Manuskript. Daß bei dieser Methode gleichzeitig ein hervorragender Übungseffekt für den Redner enthalten ist, der sich zur freien Rede hin stets verbessern möchte, ist einleuchtend. Wer es versucht, wird staunen, wieviel mehr er wirklich schon frei sprechen kann als er sich ursprünglich zugetraut hat.

Ein folgenschwerer Fehler allerdings wird Anfängern und wenig Versierten bei dem Versuch, durch Übergang zur Mischtechnik ihr freies Reden zu verbessern, leicht unterlaufen. Im Eifer und in dem beglückenden Gefühl bei den freigefaßten Formulierungen („es geht ja ganz gut — nur weiter so, jetzt läuft es!") gerät man in die Gefahr, dann noch über den Anschluß zum nächsten Leseteil hinaus weiter frei zu sprechen. Und dann ist es nur einem sehr geistesgegenwärtigen oder geübten Redner möglich, seine Ausführungen wieder in den vorher so schön aufbereiteten folgerichtigen Ablauf hineinzubringen. Also Vorsicht: ein ungeübter Schwimmer, der sich über Untiefen begibt und nicht danach trachtet, rechtzeitig wieder Boden unter den Füßen zu bekommen, kann teuer bezahlen müssen!


### 3.3.4. Gliederung und Handzettel

Bei weiterer Fortentwicklung des rednerischen Könnens und nach entsprechender Übung und Erfahrung wird der Redner dazu übergehen können, nur noch den gesamten Aufbau seines Vortrages als *Gliederung* auf einem überschaubaren Blatt vor sich

liegen zu haben. Aber auch wenn er sich seines freien Redens
schon einigermaßen sicher sein kann, sollte er doch auf keinen
Fall darauf verzichten, zumindest den Anfang und den Schluß
wortwörtlich formuliert zu haben und mit schweifendem Blick
abzulesen; man kann beide auf getrennten Blättern fixieren
und im gegebenen Augenblick dann verwenden.

Den Anfang sollte man sich deshalb wortwörtlich aufschreiben,
weil viele, auch schon ziemlich geübte Redner immer noch
Schwierigkeiten haben, die ersten Sätze zu formulieren, bis sie
sich — wie man so sagt — freigeschwommen haben. Auch beobachten Zuhörer, denen ein Redner erstmals gegenübertritt, zunächst einmal sehr kritisch und sind leicht geneigt, sich schnell
ein Urteil über diesen ihnen Unbekannten zu bilden. Dies Urteil
kann sehr schnell zu einem negativen Vorurteil werden, wenn
der Redner am Anfang nicht so flüssig ins Reden hineinkommt
und stotternd Schwierigkeiten zu haben scheint wie ein Motor,
der noch kalt ist.

Und warum man sich den Schluß auf jeden Fall aufschreiben
und ablesen sollte, wurde bereits bei der Behandlung der Gliederung (Abschn. 3.2) erwähnt: ein verpatzter Schluß kann
einem noch so guten Vortrag doch eine schlechte Abschluß-
note bringen. Und da man — insbesondere dann, wenn man
viel frei zu sprechen versucht — auch geneigt ist, abzuschweifen
und gegebenenfalls in Zeitdruck geraten kann, liegt die Gefahr,
einen unpassenden und daher mißglückten Schluß zu formulieren, sehr nahe. Wenn man also einen Schluß in Form einer Zusammenfassung vorher schriftlich fixiert, dann durch Erproben den Zeitaufwand — beispielsweise vier Minuten — festgestellt hat, ist nichts einfacher, als die vorherigen frei formulierten Redeteile so zu steuern, daß man tatsächlich dann vier
Minuten vor der für das Ende des Vortrags vorgesehenen Zeit
mit dem Übergang zum Lesen des Schlusses mit schweifendem
Blick beginnt. Man ist dann sicher, die Schlußformulierung nicht

der augenblicklichen Eingebung oder der Tagesform überlassen
zu müssen, sondern sie so bringen zu können, wie man sie bei
der Vorbereitung optimal erarbeitet hat. Und die Zuschauer werden dem pünktlich schließenden Redner dankbar sein.

Der Redner, der nur mit der Gliederung und den fixierten Tex-
ten für Anfang und Schluß arbeitet, kann noch ein weiteres
Hilfsmittel verwenden: die *Handzettel*. Sie dienen dazu, für bestimmte Stellen in der Gliederung eine textliche Erläuterung zu
geben, die man gegebenenfalls mit schweifendem Blick abliest.
Dies können besonders Teile des Vortrags sein, die man wegen
ihrer Bedeutung nicht der freien Formulierung des Augenblicks
überlassen möchte — ähnlich wie beim Anfang und Schluß gehandhabt. Es können aber auch Aufzählungen oder Zusammen-
stellungen sein, etwa mit Zahlen oder statistischen Angaben,
die man nicht aus dem Kopf sagen kann, die jedoch andererseits den Rahmen und die Überschaubarkeit der Gliederung,
die man ja als einzige Redeunterlage vor sich liegen hat, spren-
gen würden. Schließlich können es auch Zitate — von Fachleuten oder aus der Literatur — sein, die man an der betreffenden
Stelle einblendet.

Es hat sich als praktisch erwiesen, diese Handzettel im Postkar-
tenformat (DIN A 6) zu halten, sie deutlich zu numerieren und
neben die Gliederung zu legen, um sich an der auf der Gliederung vermerkten Stelle ihrer zu bedienen. Wie dies in der Praxis
aussieht, kann aus dem Beispiel entnommen werden, daß — wiederum mit freundlicher Genehmigung des Verlages — dem „Handbuch der Gesprächsführung" entnommen ist und das nachfol-
gend zu finden ist. Dabei darf noch darauf hingewiesen werden,
daß dieses Beispiel einer Gliederung mit Handzetteln auch noch
einen Zeitplan enthält, der es dem Redner ermöglicht, nach
entsprechender Vorübung den zeitlichen Ablauf zu steuern.

### 3.3.5. Stichwortzettel

Bei kürzeren Reden — beispielsweise Ansprachen, Dankeswor-

ten, Trinksprüchen oder Diskussionsbeiträgen — kann und sollte
man sich eines Stichwortzettels bedienen, auf dem übersichtlich
die Stichwörter für die einzelnen abzuhandelnden Gedanken
oder Punkte festgehalten sind. Er dient dazu, daß der Redner
keinen der vorgesehenen Punkte, die er erwähnen möchte, vergißt und sie außerdem in der von ihm geplanten Reihenfolge
bringt. Dies ist besonders wichtig bei Ansprachen, bei denen
man sich vorher überlegt hat, was man alles erwähnen muß,
und bei Diskussionsbeiträgen.

Auch die Beteiligung an einer Diskussion — in einer Konferenz
oder einer Versammlung — ist eine, wenn auch nur kurze, rednerische Darbietung, bei der man es sich insbesondere nicht
leisten kann, irgendeinen Gesichtspunkt zu vergessen. Das fällt
einem meist dann erst ein, wenn man das Wort schon wieder
abgegeben hat und der nächste Diskussionsteilnehmer spricht.
Auch hinsichtlich der Argumentation wird es von außerordentlichem Vorteil sein, sich die anzuführenden Argumente vor der
Wortmeldung in Stichwörtern notiert zu haben, damit die Logik
der Beweisführung entsprechend zwingend ist.

Der Stichwortzettel ist das von den meisten Rednern, die einigermaßen sicher sind, angewandte Hilfsmittel als Redeunterlage. Falls man etwas längere Ausführungen zu machen gedenkt,
können auch mehrere Stichwortzettel nacheinander — natürlich wiederum deutlich numeriert — verwendet werden. Aber
auch hier sollte man sich — wenn irgendwie zeitlich möglich —
die geringe Mühe machen, die notierten Gedanken nach der
Erarbeitung noch einmal auf einen neuen Zettel ins Reine zu
schreiben. Durchgestrichenes und Dazwischengekritzeltes behindert die Übersicht; außerdem dient die erneute Reinschrift
auch der besseren Einprägung ins Gedächtnis — im Sinne der
psychologischen Wirkung der Häufigkeit.

### 3.3.6. Freie Rede

Eigentlich nur derjenige Redner, der seinen Stoff sicher be-

A n s p r a c h e   z u m   A m t s a n t r i t t

A Einleitung   Dank, obwohl satzungsgemässer Vorgang

Schwere Aufgabe: die Nachfolge einer solchen
        Persönlichkeit wie die meines Vorgängers (Zitat)
Schweres Amt: im Hinblick auf die bevorstehenden
        Aufgaben des kommenden Jahres

Meine Gedanken zu diesen Aufgaben und ihrer Bewältigung:


B Hauptteil   1. Unsere sozialpolitischen Aufgaben

        a) gegenüber dem Staat und seinen Organen
        b) gegenüber der Öffentlichkeit
        c) gegenüber unseren Mitgliedern

        2. Diese drei Aufgaben können nur bewältigt werden durch
        Stärke unseres Verbandes.  Sie basiert auf:

        a) unserer Mitgliederzahl - sinkende Tendenz

            aa) Maßnahmen zur Mitgliederwerbung

            ab) Vorschlag zur Bildung eines besonderer
                Ausschußes für diese Aktivitäten

        b) unserem allgemeinen Ansehen in der Öffent=
           lichkeit -  Vorschläge    für Möglichkeiten
           der Imagepflege

        c) unserer Aktivität, für die folgende
           Möglichkeiten bestehen

            ca) Anzeigenwerbung in Publikationsorganen

            cb) Gezielte Einschaltung von redaktionellen
                Beiträgen in der Fachpresse

            cc) Kontaktpflege zu den Parteien und zu
                bestimmten Persönlichkeiten

            cd) öffentliches Auftreten unserer Redner
                bei jeder sich bietenden Gelegenheit

            ce) Durchführung einer Grossveranstaltung

        3. Alle diese Maßnahmen kosten Geld - Finanzierung wie ?

        Vorschlag a) Erhöhung des Beitragsaufkommen durch
                     eine veränderte Staffelung
        Vorschlag b) Bewilligung einer einmaligen Umlage

C Schluß   Dies sind meine Gedanken - nur so können wir die
           Aufgaben bewältigen - bitte um Unterstützung.
           Schlußwort - Dank !

Zur Erläuterung für die Situation dieses Beispieles aus der
Praxis sei gesagt, daß der bisherige stellvertretende Vorsitzende eines Fachverbandes — wie es die Satzung vorsieht —
anläßlich der Jahreshauptversammlung die Nachfolge des
bisherigen ersten Vorsitzenden antritt. Er hat sich — als
einigermaßen geübter Redner — nur die vorliegende Gliederung erstellt, die er an den entsprechenden Stellen durch
das Vorlesen der numerierten Handzettel-Texte ergänzt.
Das vor ihm liegende Manuskriptblatt mit der Gliederung
ermöglicht ihm nun, völlig frei zu sprechen, aber gleichzeitig sicher zu sein, daß er keinen einzigen Gesichtspunkt vergessen und auch alles in der richtigen Reihenfolge bringen
wird. Mit dem an den Rand geschriebenen Minutenplan ist
er außerdem in der Lage, den zeitlichen Ablauf der Rede gut
unter Kontrolle zu haben. Einer positiven Reaktion bei seinem Publikum kann der Redner auf diese Weise sicher sein.

---

herrscht und über ein ausgezeichnetes Gedächtnis verfügt, könnte
sich leisten, ohne schriftliche Unterlage völlig frei zu sprechen.
Und auch dies wird nur möglich sein  bei kürzeren Ausführungen — etwa in der Art der eben erwähnten Diskussionsbeiträge.
Ein Redner, der sich vornimmt, längere Ausführungen ohne
schriftlich vorliegende Gedächtnisstütze anzugehen, behindert
im Grunde genommen nur sich selbst. Denn er erschwert sich
— durch die erforderliche Gedächtnisleistung — zusätzlich seine
Aufgabe und kann sich weniger auf seinen rednerischen Ausdruck, die Wortwahl oder den Stil konzentrieren. Es ist daher
Unsinn, diese Erschwernis in Kauf zu nehmen auf Kosten der
rednerischen Leistung.

### 3.4. Anschaulichkeit und Demonstration

Drei Fakten, bereits im Grundwissen erarbeitet, sollen im folgenden auf die Praxis übertragen werden und machen diesen

Abschnitt zum wichtigsten unserer gesamten Abhandlung. Sie
sind der eigentliche Kern der Überlegungen, insbesondere für
den Ingenieur als Redner, weil dieser eine besondere Ausgangssituation hat, wie bereits in Abschn. 1 dargelegt. Der Ingenieur,
der sich einer Redeaufgabe unterziehen will, *muß* sich *bewußt*
machen, daß er an der Berücksichtigung der drei Fakten *Kommu-*
*nikation, Denkveranlagung* sowie *Sinneswahrnehmung* nicht vorbei agieren darf, will er nicht den gesamten Erfolg seiner Bemühungen infrage stellen. Hinsichtlich der Kommunikation sei
nochmals auf Bild 1 verwiesen und erwähnt, daß man darunter
einen Symboltransfer (Bedeutungsvermittlung) versteht, der
unabdingbar wechselseitig sein muß. Je mehr Zeichenvorrat
Sender und Empfänger gemeinsam haben, desto besser wird
die Kommunikation möglich sein.

Was die Denkveranlagung betrifft, so muß sich gerade der Ingenieur, zum folgerichtigen und abstrakten Denken erzogen, dessen bewußt sein, daß es auch viele Menschen anderer Denkveranlagung gibt (s. Abschn. 2.2.2.2 und Bild 3), die ebenso intelli-
gent sind wie er, jedoch von anderen Grundmustern geprägt.
Und dabei sei noch einmal darauf aufmerksam gemacht, daß
insbesondere Menschen des intuitiv-anschaulichen Denkberei-
ches einen sehr großen Prozentsatz in jeder Gruppe ausmachen,
den der Vortragende bei jeder Darstellung berücksichtigen muß.
— Schließlich muß man sich noch der Tatsache erinnern, daß der
Mensch durchschnittlich 83 % seiner Wahrnehmungen mit dem
Auge, jedoch nur 11 % mit dem Ohr aufnimmt. Das gesprochene
Wort aber, die Rede, wirkt akustisch, also auf das Ohr, — daher
ist es nur logisch, daß sich der Redner Überlegungen machen
muß, wie er auch das Auge seiner Zuhörer ansprechen kann.


### 3.4.1. Anschaulichkeit

Das Wort Anschaulichkeit sagt eigentlich bereits aus, was damit
gemeint ist und wie eng der damit verbundene Denkertyp auf

das Sehen eingestellt ist. Dabei gilt das Sehen gleichzeitig für die anderen Sinne, von denen der Tastsinn beispielsweise in den Wörtern „erfassen" oder „begreifen" und das Schmecken in den Wörtern „guter Geschmack" oder „geschmacklos" enthalten ist. Und wenn jemand ein schlechtes Ansehen hat, steht er in keinem „guten Geruch". All diese Übertragungen der körperlichen Sinne auf das Gedankliche zeigen, wie sehr der Mensch der Anschaulichkeit bedarf. Und der Ingenieur als Redner muß sich dessen bewußt werden, daß es keineswegs unter seiner Würde ist, diese Dinge anzusprechen, sondern sogar für die Effektivität seines Vortrages von entscheidender Bedeutung sein wird, wenn er sie geplant bei seiner Arbeitsvorbereitung in seine Darlegungen einbaut. Dies ist ein unabdingbares Zugeständnis an das Publikum, in dem selbstverständlich der Anteil der anschaulich-intuitiven Denkertypen je nach der Zusammensetzung der Empfängergruppe unterschiedlich groß sein kann. Daß jedoch diese Teilgruppe überhaupt nicht vorhanden sein wird, mag auf seltene Fälle beschränkt bleiben.

Was bei einem Trinkspruch oder einer Ansprache zu menschlichen Dingen ohne Schwierigkeit möglich erscheint, gilt jedoch auch für den Sachvortrag, das Referat, den Bericht oder die Unterweisung oder Belehrung: der Ingenieur muß bei der Vorbereitung des Textes bewußt diesen durchgehen und die Möglichkeiten finden, die sich zum Einbau eines anschaulichen Mittels eignen. Diese Mittel können Beispiele, Gleichnisse, Bilder, Zitate, Anekdoten, Witze, Analogien, Parabeln, Fabeln, Stories u.a.m. sein; jeweils natürlich im relativ richtigen Maß passend auf den Zuhörerkreis zugeschnitten. Es wäre beispielsweise witzlos, eine komplizierte Passage eines Sachvortrags durch einen knalligen Witz auflockern zu wollen, aber an irgendeiner passenden Stelle eine humorige Bemerkung einzuschalten, darf und sollte sogar geplant werden.

Ein Ingenieur, der von seiner Veranlagung her zum abstraktlogischen Denken neigt, sollte diese Aufgabe jedoch nicht mit der

Einstellung angehen: das kann ich einfach nicht, weil es mir
nicht liegt! Es bedarf oft nur ein wenig Überlegung und Vor-
stellungskraft über den Empfängerkreis, um eine Idee für einen
an dieser oder jener Stelle passenden Vergleich — vielleicht gar
aus dem speziellen Fachbereich der Hörer — zu finden. Als
Musterbeispiel hierzu mag dienen, daß — wenige Seiten zuvor —
die ersten Worte des Redners verglichen wurden mit dem An-
laufen eines Motors, der erst auf Touren kommen muß.

Wenn zuvor eine ganze Anzahl von Mitteln der Anschaulichkeit
— vom Beispiel bis zur Story — aufgeführt wurde, dann sollte
damit auch angedeutet sein, wie breit die Skala ist, innerhalb
derer man etwas anschaulich darstellen kann. Welches Mittel
man wählt, wird weitestgehend abhängig sein von dem Empfängerkreis; weder zu primitiv für eine hochgebildete Gruppe noch
zu kompliziert für einen Kreis von Menschen einfacher Den-
kungsart, weder zu plump für intelligente Hörer noch zu fein-
sinnig oder hintergründig für ein gemischtes Publikum. Die Frage
des ,,Wie'' der Anschaulichkeit muß der Redner bei der Vorbereitung entscheiden, das ,,ob überhaupt'' darf gar keine Frage, sondern muß eine Selbstverständlichkeit sein.

Anhand einiger Musterbeispiele von Vorträgen und Unterweisungen gegen Ende dieser Abhandlung (s. Abschn. 6) sei dargelegt, wie man mit wenig Mühe einen relativ trockenen Stoff anschaulich aufbereiten kann.


### 3.4.2. Demonstration

Auch hierbei muß aufgrund der Erkenntnisse der Kommunikation, der Denkertypen und der Sinneswahrnehmungen mit alten, festgefahrenen und daher beinahe liebgewordenen Vorstellungen grundsätzlich gebrochen werden. Eine von diesen ist
beispielsweise die Meinung, bei einem Sachbericht, einem Referat oder einem hochqualifizierten Fachvortrag sei eine Demonstration fehl am Platze; wer dies trotzdem tue, ,,ziehe eine

Schau ab'', die dem Niveau der Sache nicht würdig sei. Wie
dumm eine solch überholte Auffassung, die jeglichen modernen Erkenntnissen der Psychologie und der Pädagogik wider-
spricht, ist, mag sicher derjenige erkannt haben, der einmal
Gelegenheit hatte, ein sehr gehobenes Sachthema von einem
rhetorischen Könner vorgeführt erhalten zu haben. Aber dieser
Fall ist selten, denn wann findet man schon einmal einen hervorragenden Fachmann, der gleichzeitig auch noch qualifizier-
ter Rhetoriker ist?

Die Möglichkeiten der Demonstration eines Stoffes sind zunächst von diesem selbst weitestgehend abhängig. Aber man
kann ruhig behaupten, daß jeder Stoff — gleich welcher Art,
welchen Niveaus und welcher Kompliziertheit — Ansatzpunkte
dafür bietet, ihn für die Aufnahme durch mehrere Sinne aufzu-
bereiten. Und selbst die vermeintlich trockenste Materie — und
sogar gerade diese — birgt noch Möglichkeiten zur Veranschaulichung und Demonstration. Das Wort *Demonstration* kommt
vom Lateinischen (monstrare = zeigen) und bedeutet ursprünglich — ehe es seine semantische Wandlung zur ,,Kundgebung''
erfuhr — nichts anderes als Aufzeigen oder Vorführen. In diesem Sinne sind darunter auch die Mittel zu verstehen, die es
ermöglichen, einen Stoff, eine Materie, ein Thema zu verdeutlichen. (In dem Wort ,,verdeutlichen'' steckt bereits wieder das
Optische des Deutens!)

Und nachdem festgestellt worden ist, daß jedes Thema demonstriert werden kann *und* muß, braucht man sich hinsichtlich
der Vorbereitung einer Rede oder eines Vortrags nur noch zu
überlegen, *wie* es gemacht werden soll.

Das einfachste und bekannteste ist die optische Darstellung auf
der guten alten Schultafel, die man natürlich heute vielfach
durch andere Demonstrationsflächen und Techniken ersetzt.
Hier seien nur zu nennen die Flip-Chart, auch vom Amerikanischen her ,,easel'' (Staffelei) genannt, der Overhead-Projektor,

auch Tageslichtschreiber, der Projektionsapparat mit Dias und
Leinwand sowie vorbereitete Aufhängetafeln, Karten, Bilder,
Zeichnungen, Pläne usw. Alle diese Demonstrationsmittel haben
ihre spezifischen Vor- und Nachteile, die ausführlich zu behandeln eine umfangreiche wissenschaftliche Arbeit ergeben könnte.
Hier soll sich daher auf die Beschreibung der Flip-Chart beschränkt werden, die das relativ preiswerteste und in der Verwendung vielseitigste Gerät ist.

Bei der Vorbereitung einer Demonstration zur Unterstützung
eines Fachvortrages, eines Berichtes, eines Referates, eines
Problemlösungsvorschlags oder einer Unterweisung hat man
von zwei Möglichkeiten auszugehen: der zuvor angefertigten
Demonstration, die man erstellt und im gegebenen Augenblick
dem Publikum präsentiert, und der Ad-hoc-Demonstration, die
man im Augenblick der Abhandlung des betreffenden Punktes
durch Hinschreiben oder Aufzeichnen auf der Demonstrations-
fläche entwickelt. Es versteht sich von selbst, daß die letztere
Form die Lebendigkeit des Vortrags unterstreicht — die Zuhörer werden gleichzeitig zu Zuschauern, die gewissermaßen die
Entwicklung eines Gedankens miterleben. Aber dieser Methode
sind auch Grenzen gesetzt: komplizierte technische Zeichnungen, umfangreiche Abläufe, Kurven, graphische Darstellungen
usw. brauchen zum Zeichnen Zeit — und diese Zeit ist unangemessen, wenn der Vortragende minutenlang schweigen muß,
um sich auf die zeichnerische Erstellung eines komplizierten
Vorgangs zu konzentrieren. Dies wird Unruhe und Ungeduld
unter dem Publikum hervorrufen, notfalls sogar den Vorwurf,
daß der Vortragende diese Darstellung schon vor dem Vortrag
hätte anfertigen können.

Andererseits wirken natürlicherweise eine vorgefertigte Skizze,
ein Ablauf-Diagramm, eine Statistik immer irgendwie schon
fertig und damit unumstößlich; beim Empfängerkreis kann
dadurch der Eindruck entstehen, ihm werde etwas Perfektes

aufoktroyiert, um dadurch jegliche andere Meinungsbildung von
vornherein zu unterbinden. Der Redner, der die Demonstration
vorbereitet, muß sich daher grundsätzlich sehr genau überlegen,
welche Darstellungen er vorher erstellt und welche er während
seines Vortrags erarbeitet.

Für beide Methoden, die man durchaus wechselweise in einem
Vortrag anwenden kann, ist die Flip-Chart das vielseitig geeig-
nete Instrument, das auch den Vorteil hat, leicht transportabel
zu sein.

Bei der Flip-Chart (es gibt leider keine treffende deutsche Bezeichnung dafür) handelt es sich um Zeichenpapier-Bogen im
Format DIN A 1, die auf einem staffelei-artigen Gestell an der
Oberkante mit ihrer Schmalseite aufgehängt sind und die man
nach oben umblättern oder abreißen kann. Beschrieben können
die Blätter mit verschiedenfarbigen Filzstiften werden; wer einmal auf einer Schultafel mit farbiger Kreide arbeiten mußte
und sich Hände und Kleidung verschmutzte, wird schon für
diesen Vorteil der Flip-Chart dankbar sein. Ein allerdings gering-
fügiger Nachteil der Flip-Chart ist ihr übliches Hochformat, was
der Darstellung beispielsweise von Organigrammen, Abläufen
oder Netzplänen hinderlich sein kann. Man kann sich aber
damit behelfen, daß man solche Dinge im Breitformat auf
mehrere nebeneinander zu heftende Bogen zeichnet, die man
dann an der Wand befestigt.

Bei der Vorbereitung komplizierter Darstellungen, die der Redner vor der Rede erstellen wird, um sie dann im geeigneten Augenblick an der Flip-Chart aufzublättern, muß er daran denken, daß die Details der Zeichnung nicht zu klein und damit
für die weiter entfernt Sitzenden schlecht erkennbar werden.
Für Ad-hoc-Demonstrationen wird sich der Vortragende diejenigen Darstellungen auswählen, die leicht und mit wenigen, gut
sitzenden Strichen anzufertigen sind, möglichst während des
Weitersprechens und Erklärens. Dies gilt auch für Wörter, neue

Begriffe oder kurze Leitsätze, die während des Vortrags ange-
schrieben werden können.

Auch eine Mischtechnik kann der Redner anwenden, indem er
beispielsweise Koordinatenkreuze oder Diagramm-Netze vorher
aufzeichnet, dann aber während des Vortrags die erforderlichen
Kurven, Striche oder Balken mit mündlichen Erläuterungen ein-
zeichnet. Grundsatz aber sollte bei der Vorbereitung sein, daß
der Vortragende auch diejenigen Darstellungen, die er während
des Redeablaufs zeichnen will, probeweise vorher einmal in
Originalgröße auf der Flip-Chart anfertigt, damit er weiß, wie
er mit seiner Raumaufteilung auskommt und wie seine Schrift
— am besten Großbuchstaben (Versalien) — auf größere Entfernung zu lesen ist. Alles Vorgesagte gilt natürlich sinngemäß,
wenn keine Flip-Chart zur Verfügung steht und auf eine andere
Technik — Schultafel, Overhead-Projektor usw. ausgewichen
werden muß.

Schließlich muß der Redner bei der Vorbereitung daran denken, dort — wo es möglich ist — auch noch die anderen Sinnes-
funktionen des Publikums anzusprechen. Beispielsweise kann
ein ernährungswissenschaftlicher Vortrag durchaus kleine
Kostproben, die den Geschmack ansprechen, enthalten, und
bei einem neuen chemischen Material wird es — wenn möglich — wirkungsvoll sein und ein Bedürfnis der Hörer befriedi-
gen, den Stoff auch einmal anfassen zu können. Auch die Vor-
führung einer Maschine oder eines Gerätes findet sicherlich für
die Zuhörer einen Höhepunkt darin, wenn sie selbst einmal bedienen oder praktizieren, also damit umgehen dürfen.

Auf einen sich immer wiederholenden Grundfehler Vortragender muß jedoch noch aufmerksam gemacht werden: man sollte
auf keinen Fall einen Anschauungsgegenstand — ebenso wie beispielsweise eine nur einmal vorhandene schriftliche Unterlage —
in den Reihen des Publikums herumgehen lassen. Dies führt
zu Ablenkungen an den unpassendsten Stellen; außerdem ist die

pädagogisch wirkungsvolle Parallelität der Benutzung der Eingangskanäle (der Sinne) nicht gewährleistet. Sollte man nur ein einziges Muster zum Demonstrieren zur Verfügung haben, dann ist es besser, dem Publikum zu erklären, das Stück werde nach dem Vortrag zur allgemeinen Betrachtung zur Verfügung stehen, als daß man sich die erhebliche Störung durch ein Herumgeben einhandelt. An diesem kleinen Beispiel mag offenbar werden, wie nützlich die Kenntnis psychologischer Zusammenhänge für die rednerische Praxis sein kann.

## 4. Vorbereitung des Redners

Auch in diesem Abschnitt wird es sich zwangläufig nicht vermeiden lassen, auf rednerische Verhaltensweisen einzugehen,
die abzuhandeln erst dem Abschn. 5 (Auftreten des Redners)
vorbehalten bleiben sollten. Aber so wie sich ein Theaterstück
nicht ohne Proben denken läßt und umgekehrt die Proben
nicht ohne die eigentliche Aufführung, so gehören diese Dinge
eben zusammen. Bei diesem Vergleich sollte jedoch ein Aber-
glaube aus dem Theaterleben vom Redner keineswegs übernommen werden: Je katastrophaler die Hauptprobe, desto besser
wird die Premiere! Der Redner sollte sich statt dessen an den
auch dem Ingenieur und dessen Arbeit viel besser entsprechenden Satz halten: Je besser die Arbeitsvorbereitung, desto besser auch der Produktionsablauf!

Der vorangegangene Abschnitt befaßte sich vornehmlich mit
der Aufbereitung des Stoffes, obwohl auch bereits zwangläufig Redetechnisches gestreift worden ist. Nunmehr, gewissermaßen nach dem schöpferischen Akt der Erstellung der Rede,
folgt die Vorbereitung für die eigentliche Darbietung durch die
Person des Redners. Daß dies ausschließlich auf das rednerische
Vermögen des Redebeflissenen und seine Selbsteinschätzung,
welche Techniken zu wählen sind, abgestimmt sein muß, bedarf
keiner besonderen Erwähnung. Daher können auch hier wieder
keine Patentrezepte gegeben werden, sondern der Redner muß
von dem nun Abzuhandelnden das herausnehmen, was für seinen
Status passend ist — unter Berücksichtigung der weiteren rednerischen Fortbildung.

## 4.1. Zeitbedarf

Der Ermittlung des Zeitbedarfs und einer entsprechenden Einteilung wird sich — so sollte man meinen — der an systematisches Arbeiten gewöhnte Ingenieur ohne Schwierigkeiten widmen können. Er muß dabei jedoch einen Umstand berücksichtigen, der jegliche Zeitplanung über den Haufen werfen kann: die menschliche Psyche.

*Zu Beginn eines Rhetorik-Seminars wurden die Teilnehmer aufgefordert, sich mit kurzen Worten in maximal zwei Minuten den anderen vorzustellen. Je nach rednerischem Vermögen und in unterschiedlicher Weise entledigten die Teilnehmer sich dieser Aufgabe, während deren Ablauf heimlich vom Seminarleiter die Redezeiten der Einzelnen gestoppt wurden. Es ergaben sich Zeiten zwischen 45 Sekunden und fast sechs Minuten.*

*Als der Seminarleiter am Ende der Übung die von den einzelnen Teilnehmern benötigten Zeiten bekanntgab, ergaben sich Zweifel, Unglauben und gar Proteste. Derjenige, der nur 45 Sekunden gesprochen hatte, äußerte, er sei der Meinung gewesen, die vorgegebene Zeit von zwei Minuten gerade eingehalten zu haben. Währenddessen der Teilnehmer mit den sechs Minuten ganz offen erklärte, es könne zwar sein, daß er ein wenig die Zeit überzogen habe, aber gleich um ganze vier Minuten — das sei unmöglich, da müsse sich der Zeitnehmer geirrt haben.*

Dies kleine Beispiel mag eines bewußt machen: unter der Nervosität und der Anspannung sowie der Konzentration auf eine Aufgabe kann es leicht geschehen, daß uns unser sonst vielleicht recht gut funktionierendes Zeitgefühl völlig im Stich läßt. Und wer glaubt, sich sonst ganz auf sein Zeitgefühl verlassen zu können — beim Sprechen vor einer Gruppe bedarf es schon viel Übung und Erfahrung sowie einer praktizierten Disziplin, mit der Zeit richtig auszukommen.

Mit dem Faktum, daß unser Zeitgefühl relativ reagiert, muß der
Redner besonders rechnen; dies bedeutet, daß er sich sehr intensiv mit dem Zeitbedarf, der Zeiteinteilung und dem Zeitablauf
schon bei der Vorbereitung beschäftigen muß. Denn nichts wird
einem Redner in den meisten Fällen vom Publikum so übel an-
gekreidet, wie wenn er die vorgesehene Redezeit überzieht. Der
Vortragende mag eine Stunde lang hervorragend und interessant sprechen; aber wenn er nur um zehn Minuten den Schluß
über die vorgesehene Zeit hinaus gehen läßt, entstehen beim
Publikum zwei Wirkungen, die für den Erfolg seiner Rede töd-
lich sein können.

Zum einen werden die Zuhörer negativ motiviert, denn sie wissen ja um die geplante Schlußzeit und haben sich wahrscheinlich alle ihre Dispositionen bezüglich Heimfahrt, andere Verab-
redungen usw. gemacht. Man blickt als Zuhörer auf die Manuskriptblätter des Vortragenden und schätzt insgeheim, wieviele
Blätter es noch sind und wieviel Zeit er noch benötigen werde,
man rechnet, ob man seinen Zuganschluß noch bekommt, ob
man vielleicht jetzt schon aufstehen und den Vortrag verlassen
soll — und viele andere Überlegungen mehr. Sie alle bewirken
zumindest eines: Man ärgert sich über den Redner, der zwar
anfänglich ein netter Mensch zu sein schien und auch ganz
interessant gesprochen hat, aber doch jetzt so unhöflich und
so überheblich ist, sich über die Zeitdisposition seiner Hörer
hinwegzusetzen. Er nimmt sich anscheinend so wichtig, daß er
meint, sich dies erlauben zu können.

Außer dieser negativen Motivation, die der Redner bewirkt,
kann ein zweiter Umstand für den Mißerfolg seines Vortrages
noch viel ausschlaggebender sein: gerade in jenen 10 Minuten,
die der Redner seine Zeit überzieht, bringt er doch das Fazit
seiner Darlegungen, die Schlußfolgerung und das Ergebnis, also
den Höhepunkt dessen, was er darstellen wollte. Und dies trifft
auf ein Publikum, das — wie eben geschildert — durch andere
Gedanken abgelenkt, zerstreut und abschweifend ist, unmutig

und nicht mehr bereit, zuzuhören. Man muß sich nicht wundern, wenn der Vortrag ein Mißerfolg wird, — und dies nur, weil der Redner die Zeit überzogen hat.


### 4.1.1. *Zeitgliederung und -einteilung*

Während der tatsächliche Zeitaufwand leicht zu ermitteln ist, wenn der Redner auswendig lernen und entsprechend vorüben würde, ist dies bereits bei der Anwendung der Technik des Lesens mit schweifendem Blick schwieriger. Denn der Redner wird, wenn er seinen Text mehrmals liest, feststellen, daß er unterschiedliche Zeiten erzielt hat — in einem Falle hat er fliessend gelesen, im anderen Falle vielleicht langsamer und mit mehr eingeschalteten Pausen. Grundsatz für den Redner aber sollte sein, daß er beim Vorüben bewußt langsam spricht und auch gezielt Pausen einschaltet; diese kann er sogar in seiner Redeunterlage besonders vermerken (s. Auszeichnung eines Redemanuskriptes S. 53). Einen langsam und mit Pausen gesprochenen Text sollte der Vorübende auch als tatsächlichen Zeitaufwand zugrunde legen; wenn er dann bei dem eigentlichen Vortrag ein wenig schneller spricht, dann ist dies zwar nicht gut, aber es schadet auch nichts hinsichtlich der Gefahr des Überziehens.

Schwieriger wird die Ermittlung des Zeitbedarfs schon bei der Anwendung der Mischtechnik: während der Zeitaufwand bei den Teilen, die mit schweifendem Blick gelesen werden, noch exakt gestoppt werden kann, entziehen sich die Teile, die freigesprochen werden, der genauen Messung. Hier bleibt nichts anderes übrig, als es auszuprobieren, d.h. also, diese Teile mehrmals vorübend zu sprechen, jedesmal die Zeit zu stoppen und dann einen Mittelwert festzustellen. Den tatsächlichen Zeitaufwand wird man sich dann auf seiner Redeunterlage vermerken; für die Teile, die mit schweifendem Blick gelesen werden, die relativ genauen Zeiten, für die freizusprechenden Abschnitte die Durchschnittswerte, die ermittelt wurden.

Noch schwieriger wird natürlich eine exakte Vorbereitung hinsichtlich des Zeitaufwandes, wenn der Redner die Technik der Gliederung, anhand deren er frei sprechen wird, wählt. Zwar darf man voraussetzen, daß nur ein einigermaßen erfahrener Redner diese Technik wählen wird, aber gerade in bezug auf den Zeitablauf kann auch er noch unangenehme Überraschungen erleben. Der Redner, der dies vorbereitet, sollte daher zunächst von Sollzahlen ausgehen, die er sich — entsprechend der Gewichtigkeit und des Inhaltsumfanges der einzelnen Punkte — selbst vorgibt. Dies ist auch in dem Beispiel (Gliederung mit Handzetteln) auf S. 58 so geschehen: die dort an den linken Rand geschriebenen Zeiten sind Sollwerte, wobei in diesem speziellen Falle es sogar unwichtig ist, wenn sie um ein geringes über- oder unterschritten werden, — notfalls gleicht sich dies im Endeffekt sogar aus.

Entscheidend ist bei dieser Technik, daß die Zeiteinteilung nach der Bedeutung der einzelnen Punkte der Gliederung vorgenommen wird.

*Bei einer Veranstaltung mit vielen hundert Teilnehmern waren für die Rednerin des Hauptreferates eineinhalb Stunden vorgesehen. Es entstand im Publikum eine gewisse Unruhe, gemischt aus Heiterkeit, Erstaunen und Unmut, als die Referentin nach genau eineinviertel Stunden den Satz einflocht: „Soviel wollte ich zur Einleitung meiner Ausführungen sagen!" — und prompt kam sie dann anschließend mit Hauptteil und Schluß rettungslos in Verdrückung und überzog eine halbe Stunde.*

Diese tatsächlich so abgelaufene Vorkommnis mag zeigen, wie wichtig für den Redner, der relativ frei spricht, nicht nur die Einhaltung der vorgesehenen Gesamt-Redezeit ist, sondern auch die Planung und Beachtung der Zeiteinteilung für die einzelnen Vortragsabschnitte.

## 4.2. Vorübungen

Wenn hinsichtlich der Ermittlung des Zeitbedarfs gesagt wurde,
daß er sich nur durch Ausprobieren feststellen läßt, dann ist bereits ein Teil der Vorübungen damit erwähnt. Der Zeitablauf
und die Zeiteinteilung, die Kontrolle und notfalls Korrektur lassen sich nur in Verbindung mit den Redeübungen bewerkstelligen, von denen nun zu sprechen sein wird. Am Rande sei nur
noch erwähnt, daß die ersten Zeitkontrollübungen bereits zu der
Feststellung führen können, man habe viel zu viel — oder zu wenig
— im Manuskript vorgesehen; dies muß dann zwangsläufig zunächst einmal zu einer entsprechenden Veränderung des Manuskriptes führen. Aber wirklich grobe Differenzen zwischen Vor-
gabe und entsprechend tatsächlichem Zeitaufwand wird man
relativ früh bei den Vorbereitungen feststellen und dann noch
bereinigen können. Dann hat man für die nun folgenden Vorübungen mit ihrer teilweisen Feinarbeit doch wenigstens nicht
mehr die Belastung, auch noch grobe Zeitverstöße befürchten
zu müssen.

### 4.2.1. Tonbandkontrolle

Es wird wohl den meisten so ergangen sein: als man seine eigene
Stimme erstmals durch ein Tonband wiedergegeben hörte, be-
kam man einen Schreck und frug erstaunt: „Das soll ich sein?
So spreche ich? Das gibt es doch gar nicht!" Dieser Umstand
ist gar nicht verwunderlich, wenn man weiß, daß Schallwellen,
die von außen auf unser Trommelfell auftreffen, anders klin-
gen als wenn sie das Trommelfell über die Knochenleitung erreichen, die wirksam wird, wenn der Schall, produziert von den
Stimmbändern, im Rachen- und Mundraum und in den Neben-
höhlen verstärkt wird.

Wenn man einmal über das anfängliche Erstaunen hinweg ist
und sich an den fremd erscheinenden Klang der eigenen Stimme
gewöhnt hat, dann erkennt man die Nützlichkeit, eine Rede auf
ein Tonband zu sprechen, um sich dann hinterher zu kontrollie-

ren, in verschiedener Hinsicht. Neben der bereits behandelten
Zeitkontrolle und gegebenenfalls Korrektur hat man die Möglichkeit, seine Stimme — Lautstärke, Tonhöhe und Sprechgeschwindigkeit — zu überprüfen, die Wortwahl und den Redestil
zu erkennen und eventuell zu verbessern sowie die Aussprache
— die Artikulation — abzuhören. Auf all diese Dinge, die eigentlich zum Auftreten des Redners gehören, muß bereits jetzt eingegangen werden, weil die Vorübungen dazu dienen, die entscheidenden Korrekturen für das rednerische Verhalten vorzu-
nehmen.

### 4.2.1.1. Stimme

Die wesentlichen Faktoren der Stimme sind Lautstärke und
Stimmlage — hinzu zählt vielfach auch noch die Sprechgeschwindigkeit, obwohl diese wiederum eng mit der Artikulation zu-
sammenhängt. Aber die Modulation der Stimme, d.h. die Fähigkeit des Redners, mit unterschiedlich eingesetzten Mitteln seinen Vortrag vom Akustischen her zu variieren, ist ein wesentliches Mittel zur Gestaltung der rednerischen Darbietung. Nur
mit den Faktoren Lautstärke und Stimmlage ergeben sich bei
jeweils zwei Extremen — von den Zwischenwerten ganz zu
schweigen — insgesamt vier Kombinationsmöglichkeiten, nämlich hoch-laut, tief-leise, hoch-leise und tief-laut. Wenn nun
noch die Sprechgeschwindigkeit — auch nur mit den Extrem-
werten schnell-langsam hinzukommt, so ergeben sich bereits
neun Kombinationen. Und wenn man dann daran denkt, welche
Zwischenmöglichkeiten es noch gibt, dann erkennt man, welch
ein wunderbar vielseitiges Instrument unsere Stimme ist und
wieviele Varianten man zur Verfügung hat, das, was man ausdrücken will, in der richtigen und wirkungsvollsten Art und
Weise von sich zu geben.

Nun ist die Stimme weitgehend Ausdruck der Wesensart eines
Menschen und in hohem Maße seiner Gemütslage entsprechend. Aber niemand sollte sich deshalb auf den Standpunkt stel-

len, sein Temperament sei nun einmal so oder so — daran sei nichts zu ändern, und daher müsse er auch so reden, wie ihm die Natur dies vorschreibe. Eine solche Einstellung hieße es abzulehnen, daß ein Mensch überhaupt an seiner Persönlichkeitswirkung arbeiten und sich verbessern kann, — diese Einstellung ist schlichtweg falsch.

Es trifft natürlich zu, daß ein Mensch — wie man so sagt — nicht aus seiner Haut heraus kann, aber immer hat jeder Einzelne gewisse Variationsmöglichkeiten oder — um es technisch auszudrücken — gewisse Bandbreiten, innerhalb derer er sich nach der einen oder anderen Seite durch Bemühung und Arbeit an sich selbst entwickeln kann.

*Es soll nun gar nicht verlangt werden, daß ein stiller und ruhiger, introvertierter Mensch, der über ein sehr leises Stimmorgan verfügt und dem es sogar unmöglich ist, etwa laut zu brüllen, sich eine kräftige Stentorstimme anerziehen sollte, um mit ihr demagogisch Massen auf die Barrikaden zu treiben. Aber dieser Mann muß sich klar darüber werden, daß er zumindest die Möglichkeit hat, durch entsprechendes Üben seine Stimme so zu kräftigen, um bei einer größeren Versammlung auch noch in der hintersten Reihe Gehör zu finden. Und ein eintönig stets in der gleichen Stimmlage Sprechender kann es durch Übung dazu bringen, die Tonhöhen bei bestimmten Wörtern oder Satzteilen zu verändern und dadurch mehr Modulation und Lebendigkeit in sein Reden zu bringen. Schließlich kann ein aufgrund seiner Temperamentsveranlagung stets zu schnell Sprechender durch immerwährendes Üben sich daran gewöhnen, langsamer zu sprechen und bewußt Pausen einzubauen, damit er sicher sein kann, auch von denjenigen seiner Hörer verstanden zu werden, die vielleicht nicht so schnell denken können wie er spricht.*

Wer allerdings auf dem Standpunkt steht, eine solche Arbeit an sich selbst sei für ihn unmöglich, der sollte auch gleich den

Versuch, Reden zu lernen, aufgeben. Denn wer etwas von vornherein für unmöglich erachtet, wird auch nie in der Lage sein,
das ihm unmöglich Erscheinende zu bewältigen.

Das Tonband ist hinsichtlich der akustischen Verhaltensweisen
des Redners unbestechlich; daher ist es auch gut geeignet, Fehlleistungen deutlich zu machen, um dem Redner Gelegenheit zu
geben, sich zu verbessern.

## 4.2.1.2. Artikulation — Dialekt

Was für das Tonbandgerät hinsichtlich der Stimme gilt, hat noch
mehr Bedeutung für die Aussprache — die Artikulation. Es ist
deprimierend, feststellen zu müssen, wieviele Menschen eine
miserable Aussprache haben, aber nichts dagegen tun — aus
Gleichgültigkeit, Unwissenheit oder gar Überheblichkeit. Auch
hier soll wieder an psychologische Vorgänge erinnert werden:
wer einen Sprechenden nicht versteht, weil dieser undeutlich,
zu leise oder gar „maulfaul" im wahren Sinne des Wortes
spricht, wird sich anstrengen müssen. Diese Anstrengung führt
beim Hörer nach einiger Zeit zur Ermüdung und dann zwangsläufig zum Ärger — zur Ablehnung des Sprechenden. So einfach also ist es für den Redner, sich eine negative Einstellung
bei seinem Publikum einzuhandeln und dementsprechend seinen Vortrag zum Mißerfolg zu führen. Was hätte der Redner
davon, wenn nach Schluß seines Vortrags ein Zuhörer zum
anderen sagen würde: „Es mag ja wohl ganz interessant gewesen
sein, was er erzählt hat, aber ich habe über die Hälfte nicht verstanden. Wenn der Mensch nur deutlicher gesprochen hätte!"

Von keinem Vortragenden wird verlangt, daß er eine Sprecherziehung wie ein Schauspieler durchmacht, um dann fast fehlerfreies Hochdeutsch wie ein Rundfunksprecher oder eine Fern-
sehansagerin von sich zu geben. Aber ein wenig Bemühung um
eine Verbesserung seiner Aussprache kann man schon von
einem Redebeflissenen erwarten; in seinem ureigensten Interesse, von seinen Zuhörern verstanden zu werden.

Zugegebenermaßen sind viele Nachlässigkeiten und Undeutlich-
keiten beim Sprechen landsmannschaftlich bedingt; gewisse
Gewohnheiten, die von seiner Muttersprache herrühren, wird
jeder Redner erkennen lassen. Und das macht auch gar nichts
— im Gegenteil: ein Vortragender, der eine mundartliche Fär-
bung hören läßt, mag den Hörern sogar wärmer und menschlicher erscheinen als jemand, der — beinahe übertrieben — sich
bemüht, fehlerfreies Hochdeutsch zu sprechen und dem sie
vielleicht ein Perfektionsstreben, eine Gefühlskälte, mangelndes Engagement oder gar Arroganz unterstellen.

*Nur bestimmte Dialekteigenheiten sollte man als Redner be-
achten und sich abzugewöhnen versuchen. Dazu gehören
beispielsweise die Neigung der Rheinländer, die Endsilben
zu verschlucken, die Angewohnheit vieler Berliner, zu
nuscheln, das Nichtvermögen der Hessen, ein „R" sprechen
zu können, sowie die Angewohnheit der Leute von der
Waterkant (nicht nur der Ostfriesen), die Zähne nicht aus-
einanderzunehmen. Gerade diese letztgenannte Faulheit
trägt sehr zu mangelhaftem Verstandenwerden bei; sie ist
aber nicht nur bei den Bewohnern der Küste verbreitet (bei
denen man noch ein gewisses Verständnis haben könnte
für das Bestreben, bei kaltem Wind von See her den Mund
nicht allzuweit aufzumachen), sondern man kann solche
„Maulfaulen" überall antreffen. Alle sie sollten sich bewußt
machen, daß die Lautung der Konsonanten, also der Mitlaute, im Wesentlichen durch Zunge, Zähne und Lippen ge-
schieht. Wer also Lippen und Zähne nicht oder kaum be-
wegt (Engländer und Amerikaner bringen es hierin zu wahrer
Meisterschaft!), der muß sich nicht wundern, wenn er schwer
verstanden wird.*

Wer mit solchen Schwierigkeiten zu kämpfen hat, der kann
durch eine relativ einfache Übung sich verbessern. Er lese einen
beliebigen Text — beispielsweise aus der Zeitung — auf Tonband und stelle bei der Wiedergabe das Gerät leise und auf

dunkle Klangfarbe (also ohne hohe Frequenzen) ein. Wenn er
dann noch alle Mitlaute gut und deutlich versteht, dann hat er
gut artikuliert, — im anderen Falle weiß er, wo seine Schwächen
liegen und kann sie auszumerzen versuchen. Dabei sollte man
nicht frühzeitig aufgeben. Jahrzehntelang gepflegte Sprechan-
gewohnheiten lassen sich nicht von heute auf morgen eliminie-
ren. Dazu bedarf es geduldigen Übens, das zu einer allmählichen
Verbesserung führen wird.

### 4.2.1.3. Redestil

Die Tonband-Kontrolle bei der Vorübung wird schließlich den
Redner auf Stilfehler aufmerksam machen, die ihm auf andere
Weise nicht hätten bewußt werden können. Nun soll hier nicht
ausführlich das Thema Redestil behandelt, das einer umfangreichen Abhandlung bedürfte, sondern nur das erwähnt werden,
was der Ingenieur, der ja kein Berufsredner ist, davon für sich
benötigt.

Nicht nur für den Ingenieur, sondern für jeden Rhetorik-Ler-
nenden gilt ein Grundsatz: kurze Sätze! Lange Satzgefüge oder
Sentenzen mit eingeschachtelten Nebensätzen mag der Redeschüler getrost denjenigen überlassen, die es beherrschen oder
zumindest glauben, sie könnten es. Aber die Verwendung
kurzer Sätze bietet für den Redner zwei entscheidende Vorteile,
die er unbedingt nutzen sollte: er behält die Übersicht über das
Gesagte und läuft nicht Gefahr, sich in komplizierten Satzkon-
struktionen zu verheddern — und er erhält mehr Pausen, die
ihm die nächsten Gedanken zu erfassen ermöglichen. Ein Neben-
effekt ist dann noch der, daß auch die Zuhörer leichter mitkommen, wenn der Redner mit kurzen klaren Sätzen spricht und sie
nicht seinen gewunden ausgedrückten Gedankengebilden folgen
müssen.

Einen weiteren Vorteil bildet die Tonband-Kontrolle noch bezüglich des Stiles: mehr als beim Ablesen des Manuskriptes (z. B. mit schweifendem Blick) hört hier der Redner, ob das, was er gesagt hat, tatsächlich Rede ist und keine „Schreibe". Hier besteht nun einmal ein grundlegender Unterschied: etwas, das man in einem Artikel oder in einem Aufsatz schreiben kann, eignet sich keineswegs immer, auch als Rede gesprochen zu werden. Und umgekehrt: mancher Redetext, von dem man beim Zuhören sehr angetan war, wirkt schal und farblos, wenn man ihn hinterher noch einmal gedruckt nachlesen wird.

*Als Beispiel mag uns das Stilmittel der sogenannten „rhetorischen Wiederholung" dienen, eines der bekanntesten klassischen Kriterien einer Rede. Ein Redner kann etwa formulieren: „Es würde mir, meine Herren, im Traume nicht einfallen, Ihnen — und gerade Ihnen — ein solches Vorgehen zuzumuten, — ja auch nur das Ansinnen an Sie zu stellen. Ein Ansinnen, das nicht nur unzumutbar wäre, sondern geradezu verwerflich, ein Ansinnen, das unsere Moral in Frage stellt, und ein Ansinnen, aufgrund dessen unsere Wege sich trennen müßten."*

*Hier ist einmal — ein wenig dick aufgetragen — die rhetorische Wiederholung verdeutlicht in zwei Fällen — in der Ansprache der Zuhörer mit „Ihnen" und „meine Herren" — und in der Häufigkeit des Begriffes „Ansinnen". Die Zuhörer behalten die Einzelheiten nicht im Gedächtnis, aber sie werden — durch die Anwendung der psychologischen Voraussetzung Nr. 3 (Häufigkeit) eine Speicherung vornehmen, die ohne die Wiederholung wahrscheinlich nach maximal 20 Sekunden aus dem Ultrakurzzeit-Gedächtnis wieder abgeklungen und verlorengegangen wäre.*

Und an diesem Beispiel ist gleichzeitig ersichtlich geworden, daß eine Rede keine „Schreibe" sein kann. Einen solchen Text kann man nicht wie einen Aufsatz lesen, er muß gesprochen werden und kann nur dann wirken.

Besonders der Redner, der seinen Vortrag in bestimmten Teilen
oder — unter Anwendung der Gliederung — größtenteils frei
spricht, wird sich bei der Tonbandkontrolle der Vorübungen
auch bei einem Stilfehler ertappen, der Rednern häufig unterläuft: den Modewörtern. Es gibt deren Hunderte — und sie
schleichen sich vielfach bei jedem nicht nur in die Rede, sondern auch vornehmlich in die täglichen Unterhaltungen und Gespräche ein, ohne daß man darauf achtet. Diese Modewörter
und Redewendungen kommen und gehen in unserer Sprache,
sie sind einmal eine Zeitlang im Schwange — und nach einigen
Jahren gebraucht sie dann niemand mehr.

Die Verwendung von Modewörtern durch den Redner ist an
sich kein besonders schwerwiegender Stilfehler, aber bei kritischen Zuhörern kann sich die Meinung bilden, der Vortragende
sei auch so ein Schwätzer wie viele andere, die gedankenlos
Wörter verwenden, weil alle Welt sie zur Zeit gebraucht, ob sie
nun an dieser Stelle passen mögen oder nicht.

Ein klassisches Beispiel eines gedankenlos verwendeten Modewortes ist das Wörtchen „ehrlich", das — besonders dank Jür-
gen von Mangers kabarettistischer Unterstützung — in den letzten
Jahren sehr viel gebraucht wurde und nun wieder im Abklingen
zu sein scheint. Diejenigen, die dieses Wort oft nach jedem zweiten oder dritten Satz einflochten, waren sich gar nicht darüber
klar, daß sie sich selbst und ihre Aussage ständig in Frage stell-
ten. Denn wenn beispielsweise ein Verkäufer einem Kunden
etwas erläuterte und dann „ehrlich!" hinzufügte, hätte sich
doch logischerweise der Kunde sagen müssen, daß der Verkäufer ihn bislang angelogen, sich aber nunmehr entschlossen habe,
endlich die Wahrheit zu sagen. Die Sinnlosigkeit der Verwendung
eines solchen Modewortes mag an diesem Beispiel deutlich geworden sein.

Auch das Wörtchen „echt" gehört in diese Kategorie; es weist
sogar eine gewisse gedankliche Verwandtschaft mit „ehrlich"

80

auf, denn auch mit ihm soll eine verstärkende Bestätigung
einer Aussage bewirkt werden. Man muß jedoch wissen, daß
das Wort „echt" in der deutschen Sprache nur als Adjektiv
(Eigenschaftswort) gebraucht werden kann, also als Beifügung
zu einem Substantiv. Man kann sagen: „Das ist echter Kognak"
und meint dies im Gegensatz zu etwa  nachgemachtem. Man
kann aber nicht sagen: „Das hat mich echt verwundert." Denn
hier bekommt das Adjektiv „echt" adverbialen Charakter; dies
ist nicht nur grammatikalisch falsch, sondern auch sinnlos, denn
man kann sich doch nicht unecht verwundern.

In die Reihe der gedankenlos dahergeschwätzten Wörter gehört
auch die Formulierung „ich persönlich". So etwas nennt man
einen Pleonasmus — ein doppelter Ausdruck, wie z.B. „ein
weißer Schimmel". So wie bei einem Schimmel die Erläuterung
„weiß" witzlos ist, so genügt auch bei unseren verbalen Äuße-
rungen das Wort „ich" ganz allein. Eine Verstärkung durch
„persönlich" ist unsinnig, denn „ich unpersönlich" oder „ich
— ein anderer" gibt es nicht.

Die Krone der gedankenlosen Modeformulierungen ist zweifellos die Redewendung „ich würde sagen", die man auch in
mancherlei Abwandlungen finden kann wie z.B. „ich möchte
mal so sagen" oder „ich würde meinen". Den Vogel der unbe-
stimmten Aussage schoß ein bundesdeutscher Minister ab, der
auf die Frage von Journalisten nach seiner Meinung über eine
Sache formulierte: „Ich würde glauben, sagen zu dürfen, daß
ich meine . . ." Besser kann man sie nicht ausdrücken, diese
Unverbindlichkeit, durch die man sich dem entziehen will, auf
eine Meinung festgelegt zu werden. Die Verwendung des Kondi-
tionalis ist nicht nur grammatikalisch falsch, sondern bewirkt
auch bei vernünftig kritischen Menschen den Eindruck, der
Betreffende stehe nicht zu seiner Meinung. Ein Mannsbild sollte
sagen „ich bin der Ansicht" oder „ich bin der Meinung" oder
schlichtweg „ich meine", jedoch nicht den Anschein erwecken,
daß er sich nicht auf eine Meinung festlegen lassen wolle.

Dies waren nur ein paar kleine Kostproben aus der Unmenge von
Modewörtern und -redewendungen, die sich in unseren täglichen
Sprachgebrauch einschleichen. Wer sich mehr mit diesen Dingen
befassen möchte, dem sei das Büchlein „Modenschau der Sprache"
[8] empfohlen, in dem in sehr humorvoller Weise diese Torhei-
ten gegeiselt werden.

Aber nicht nur auf die gedankenlose Verwendung von Modewörtern sollte der Redner beim Abhören durch das Tonband
achten, sondern auch auf seine Lieblingswörter, die vom Publikum als störend empfunden werden könnten. Jeder Mensch hat
eigene Lieblingswörter oder Redewendungen, die er bevorzugt
gebraucht; das ist keine Besonderheit. Unangenehm für den
Redner wird es nur, wenn er solche Formulierungen in seiner
Rede zu häufig gebraucht, so daß es den Zuhörern auffällt
und sie verallgemeinernd sagen: „Der sagt ja immer . . ." Oft
wird es so sein, daß einen ein guter Freund gelegentlich einmal
darauf aufmerksam macht, wie oft man dieses oder jenes Wort
verwendet. Und dies ist ja das Merkmal eines guten Freundes,
daß man von ihm etwas Derartiges gesagt bekommt. Gegner
werden einen kaum auf solche Fehler aufmerksam machen,
sondern sich höchstens insgeheim die Hände reiben. — Auf die
Kontrolle auch durch Freunde oder Familienmitglieder wird
noch einzugehen sein.

Wenn hier nur einige Dinge angedeutet wurden, wie der Redner
bei der vorbereitenden Tonbandkontrolle auch auf seinen Redestil achten soll, so war dies „ehrlich" nur ein kleinster Aus-
schnitt aus einem äußerst umfangreichen Gebiet. Jeder Redner
muß hier selbst nach Möglichkeiten suchen und an seiner Verbesserung arbeiten [8 bis 13].


### 4.2.2. Spiegelkontrolle

Nicht jeder Redebeflissene ist in der Lage, sich einen Video-
Recorder zu leisten, um anhand dieses fernsehartigen Aufzeich-

nungsgerätes sein Redeverhalten in der Vorübung in Bild und
Ton kontrollieren zu können. Ein solches Gerät ist selbstverständlich das ideale Mittel zur Überprüfung des Redeverhal-
tens; daher sollte jeder Redeschüler, dem sich damit die Gelegenheit zur Selbstbeobachtung bietet, sie wahrnehmen. Da jedoch diese Gelegenheiten noch relativ selten sind, muß sich
der „Normalverbraucher" mit der soeben abgehandelten Tonbandkontrolle sowie mit der Spiegelkontrolle behelfen. Es
gibt Rhetoriklehrer, die die Spiegelkontrolle — aus verschiedenen Gründen — ablehnen, aber auch sie müssen zugestehen, daß
ein Vorüben vor dem Spiegel gewisse Nutzen für den Redner
bringt. Der Redeübende kann, wenn er vor dem Spiegel spricht
und sein Verhalten dabei beobachtet, vier Bereiche beobachten,
die alle in das Gebiet der Kinesik — der Körpersprache — gehören: den Blick, die Mimik, die Gestik und die Haltung und Bewegung [14].

*Wohl in jedem Rhetorik-Seminar wird — wenn man auf die
sogenannte Gebärdensprache eingeht — unter den Teilnehmern jemand sein, der einwendet: „Das kann ich nicht, ich
bin doch kein Schauspieler!" Und der damit, aus einem Vorurteil heraus, gleich die Vorstellung verbindet, er müsse mit
den Bewegungen der Gebärden gewissermaßen eine „Schau
abziehen". Weit gefehlt, denn gerade das Gegenteil soll mit
einer Rednerschulung, die Gebärden betreffend, erreicht
werden: Der Redner soll sich der natürlichen Gebärden bewußt bedienen und unnatürliche und verkrampfte oder
stereotype, unpassende Gebärden ablegen. Auch der Ingenieur, der sehr nüchtern und sachlich die Dinge angeht, muß
sich klar machen, daß er täglich und stündlich im Alltag
„schauspielert" und daß dies nichts Unehrenwertes oder
Verwerfliches ist. Welcher Vater müßte sich beispielsweise
nicht bemühen, ernst zu bleiben, wenn er sein Kind wegen
einer Unart tadeln muß, jedoch die Komik der Situation
eigentlich ihn dazu brächte, schallend herauszulachen? Und*

*wie muß man sich manchmal dazu zwingen, aus Höflichkeit
ein ernstes oder teilnehmendes Gesicht zu machen, wenn
ein Mitmensch seinen Kummer schildert, der einem vielleicht
in Wirklichkeit herzlich gleichgültig ist.*

Aber von einem solchen ,,Theaterspielen'' soll hier nicht einmal
die Rede sein, weil es im Grunde nur ein äußerliches Überdecken
einer anderen inneren Einstellung ist. Als Redner muß man sich
bewußt machen, daß in den allermeisten Fällen eine psychische
Situation sich auch in irgendeiner Form der Körpersprache ausdrückt. Diesen natürlichen Ausdruck meinen viele, beim Reden
unterdrücken zu müssen, was unnatürlich ist und einer Selbst-
vergewaltigung gleichkommt. Der Mensch als Individuum (lat.:
das Unteilbare) ist nun einmal eine Einheit von Geist, Seele
*und* Körper; jegliche Trennung oder ein Sonderverhalten dieser
einzelnen Teile ist wider die Natur. Derjenige Redner wird am
natürlichsten wirken, bei dem die Einheit zwischen dem, was
er zu sagen hat und dem, was seine Körpersprache ausdrückt,
deutlich sichtbar wird.

Das Publikum hat — wie als allgemeine psychologische Regel
bei den Sinneswahrnehmungen festgestellt wurde — das Bestreben, Sinneseindrücke durch mehrere Kanäle gleichzeitig aufzu-
nehmen, also zumindest Hören und Sehen. Daher ist es ganz
selbstverständlich, wenn der Redner nicht nur darauf achtet,
welchen akustischen Einfluß (rd. 11 %!) er auf sein Publikum
nimmt, sondern daß auch der parallel dazu verlaufende optische
Einfluß (83 %) dazu paßt, damit alles stimmt.

Schließlich kann man durch die Spiegelkontrolle noch feststellen, welche unpassenden stereotypen Bewegungen man sich
angewöhnt hat, die auf die Dauer die Zuhörer stören können. Die psychologischen Voraussetzungen besagen, daß die
Wirkung der Häufigkeit in das Gegenteil und in Abwehr um-
schlagen kann, wenn die Wiederholung überzogen wird. Dies

kann der Redner sehr leicht erreichen, indem er beispielsweise
ständig mit dem Zeigefinger der rechten Hand auf das Pult
klopft. Spätestens nach einer Viertelstunde werden die meisten
Zuhörer nicht mehr auf den Inhalt seines Vortrages achten,
sondern nur diese Geste verfolgen und darauf warten, ob er
nun einmal die linke Hand nehmen möchte. Mit solch kindischen
Reaktionen muß nun einmal der Redner rechnen; daher sollte
er dem Publikum keinen Anlaß dazu bieten.


## 4.2.2.1. Blick

Bereits im Abschn. 3.3 (Erstellen der Redeunterlagen) wurde
erwähnt, daß der Redner nur zwei Blickrichtungen haben
sollte: in die Augen der Zuhörer und auf seine Redeunterlage.
Letzteres so wenig wie erforderlich zum Erfassen der nächsten
Gedankenhilfe, ersteres so viel wie möglich zur Schaffung des
vertrauensvollen Augenkontaktes sowie zur Beobachtung der
Reaktionen des Publikums. Die Spiegelkontrolle wird es dem
Redner beim Vorüben ermöglichen, den Prozentsatz des Hoch-
blickens ins Publikum festzustellen. Man kann einen Freund
oder ein Familienmitglied bitten, beispielsweise bei der Vorübung eines Textes, den man mit schweifendem Blick zu lesen
gedenkt, die Zeiten mitzustoppen (Stoppuhr mit Schleppzei-
ger), die man hochblickt und sich im Spiegel ansieht. Diese Zeit
in Relation zur Gesamtredezeit gebracht, läßt leicht den Prozentsatz errechnen. Man braucht für diese Übung schon die Hilfe
eines anderen; allein wird man die Stoppfunktion nicht auch
noch neben der Redeübung praktizieren können.

Es bedarf keiner Erwähnung, daß — je freier und unabhängiger
von der Redeunterlage man das Sprechen übt — man auch um
so mehr den Blick in den Spiegel richten und sich kontrollieren
kann.

### 4.2.2.2. Mimik

Wenn zuvor der vertrauensvolle Augenkontakt mit dem Publikum, der erstrebt werden soll, erwähnt wurde, dann greift diese Bemühung bereits in die Augensprache über, die ein Teil der Mimik ist. Unter Mimik versteht man das Mienenspiel; sie ist der wechselnde Ausdruck unseres Gesichtes und seiner Teile, von denen die Augen am aussagekräftigsten sind. Genauer gesagt sind es allerdings nicht die Augen allein, sondern die Partie der Augen und ihrer Umgebung; dazu zählen die Lider, die Brauen, die Fältchen in den Augenwinkeln sowie der obere Teil der Wangen. Mit der Art und der Stellung aller Gesichtsteile sowie ihrer Ausdrucksformen befaßt sich die Wissenschaft der Physiognomik; der Ingenieur, der Reden lernen und sich durch die Spiegelkontrolle überprüfen möchte, braucht sich mit dieser Wissenschaft nicht zu befassen. Für ihn genügt lediglich, zu beobachten, was er bei dieser oder jener verbalen Aussage „für ein Gesicht macht", um eventuell Korrekturen vornehmen zu können.

*Manche Menschen haben die unbewußte Angewohnheit, dann, wenn sie sehr konzentriert über etwas nachdenken, ein sehr ernstes und beinahe böses Gesicht zu machen. Andere wieder haben sich ein stereotypes Lächeln angewöhnt, daß sie auch beibehalten, wenn das, was sie gerade zum Ausdruck bringen wollen, keineswegs zum Lachen ist. Gute Freunde machen einen Menschen vielleicht auf ein solches Verhalten aufmerksam; die Spiegelkontrolle kann dann helfen.*

### 4.2.2.3. Gestik

Während die Mimik sich im wesentlichen als Ausdrucklehre des Gesichtes versteht, umfaßt die Gestik nicht nur die Arme und Hände des Menschen, sondern auch andere Körperpartien, beispielsweise Nacken oder Schultern und Brust. Im wesentlichen jedoch wird die Gestik durch Arme und Hände praktiziert seine meistgebrauchten Werkzeuge zum Kontakt mit der Umwelt — mit denen der Mensch nicht nur greift, sondern vielfach auch andere Bewegungen, Bilder und überhaupt das Anschauliche unterstützend darstellen kann.

Auch hinsichtlich der Gestik darf der Redner nicht von vielfach festgefahrenen Vorurteilen ausgehen und glauben, man dürfe nicht „mit den Händen reden''. Damit ist im Grunde nur gemeint, daß ein Mensch es nicht übertreiben soll, wenn es nicht seiner Wesensart gemäß ist. Von Südländern beispielsweise weiß man, daß sie mehr dazu neigen, mit den Händen zu gestikulieren; dies ist ihrem Temperament ebenso wesensgemäß wie das Verhaltene des Nordländers.

Erinnert man sich aber der Forderung der Anschaulichkeit, dann erkennt man die Gestik als ein hervorragendes Mittel, die Rede auf optischem Wege zu unterstützen. Während der Gesichtsausdruck in der Mimik zum großen Teil aus dem Unbewußten gesteuert wird und man bei der Spiegelkontrolle auf Fehleinstellungen aufmerksam wird, kann man hinsichtlich der Gestik bewußt Verhaltensweisen anwenden und sogar einüben. Abgesehen jedoch von dem obersten Grundsatz, daß sie *sparsam* gebraucht werden sollen, müssen zwei Gesichtspunkte berücksichtigt werden: Gesten müssen *echter* Ausdruck der Persönlichkeit sein — und sie müssen *passend* — d.h. optisch parallel zur akustischen Aussage — sein.

*Die Echtheit des Ausdrucks der Persönlichkeit ist sicherlich nicht gegeben, wenn sich ein Redner, der von Natur aus ruhig, wenig beweglich und in seiner Haltung sehr beherrscht ist, dazu zwingt, mit eingelernten Bewegungen seiner Arme und Hände eine optische Unterstützung seiner Darlegungen zu geben. Dies kann steif, eckig und verkrampft wirken und den Eindruck einer von Drähten gesteuerten Marionette erwecken. Umgekehrt wird auch derjenige Redner, der um sein Temperament und um seine Neigung, viel mit den Händen zu reden, weiß und sich zwingt, beispielsweise*

*durch bewußtes Anfassen des Rednerpultes und Festhalten der
Hände dies zu vermeiden, genau so verkrampft wirken, weil
er sich Gewalt antut. — Beide Typen von Rednern zwingen
sich etwas auf, das ihrer Persönlichkeit nicht entspricht;
diese Bemühung kostet im übrigen viel Energie, die für leichter erreichbare rhetorische Wirkungen rationeller eingesetzt
werden könnte.*

Wenn verlangt wurde, daß die Gesten *passend* sein müssen, so
sollte man eigentlich meinen, daß diese Binsenweisheit keiner
besonderen Erwähnung bedarf. Wer sich jedoch einmal die Mühe
macht, bei Veranstaltungen oder auch im Fernsehen Redner
und Sprechende hinsichtlich ihrer Gesten zu beobachten, wird
erstaunen, wieviel unsinniges Verhalten er registrieren kann.
Abgesehen von den stereotypen Gesten, die als lästige Angewohnheit bereits bei der Behandlung der allgemeinen Gebärdensprache
erwähnt wurde, verwenden Redner vielfach Gesten, die überhaupt nicht zu der betreffenden rednerischen Aussage passen
und daher auch ihren einzigen Zweck, optische Unterstützung
des Gesagten zu sein, verfehlen. In solchen Fällen wäre es besser, Gesten überhaupt wegzulassen, statt mit falschen, unpassenden Gesten die Zuhörer zu verwirren oder gar sich als Redner
unglaubwürdig zu machen.

Passende Gesten anzuwenden entspricht auch dem Grundsatz
der sparsamen Verwendung, denn beispielsweise gerade bei
Fachvorträgen werden sich vom Stoff her wenig Möglichkeiten
ergeben, Gesten anzubringen, die dem Inhalt entsprechen. Der
Redner wird daher zur Veranschaulichung auf allgemeine Sätze
ausweichen, die sich durch Gesten verdeutlichen lassen.

*Solche Gesten gibt es zu Hunderten, einige Beispiele seien
hier einmal genannt: Bei der Formulierung „hier ist ein relativ geringer Abstand erforderlich" wird der Redner die beiden Hände mit den einander zugekehrten Handflächen auf-
einanderzu bewegen, bis tatsächlich der Abstand nur noch
gering ist. Die Wendung „muß stufenweise vorgegangen wer-*

*den" kann mit einer Bewegung der Hand — Handrücken
nach oben gekehrt — angedeutet werden, die dem Treppen-
ersteigen entspricht. Wenn man sich mit den Worten „sicherlich teilen Sie alle meine Auffassung" an die Zuhörer wendet,
läßt sich dieser Satz mit einer ausholenden Geste eines
Armes, der im Halbkreis gewissermaßen die Anwesenden ein-
schließt, unterstreichen. Und sehr beliebt ist es auch, bei Auf-
zählung verschiedener Gesichtspunkte oder Argumente sich
der erhobenen Finger wie beim Zählen zu bedienen.*

*Ein oft als Scherz angewandter Versuch ist übrigens sehr auf-
schlußreich: man bittet einen Bekannten, er möge doch einmal eine Wendeltreppe beschreiben. Und in der überwiegen-
den Zahl aller Fälle wird der Betroffene in Ermanglung des
richtigen sprachlichen Ausdrucks seine Erklärung mit der
Geste unterstützen, indem er Finger und Hand spiralförmig
nach oben führt und dazu sagt „etwa so!" — Hier ist das
Interessante eingetreten, daß die Geste verwandt wird für
das Unvermögen, die Funktion einer Wendeltreppe verbal
richtig und verständlich zu beschreiben.*

Hüten sollte sich der Redner aber auf jeden Fall davor, etwa
komplizierte technische Vorgänge mittels Handbewegungen
verdeutlichen zu wollen. Er sollte stets dessen eingedenk sein,
daß für solche Zwecke die Demonstrationsmittel wie Tafel oder
Flip-Chart mit Zeichnungen zur Verfügung stehen müssen. Eine
Geste hingegen kann und muß stets nur eine einfache Ergänzung
zum Gesagten bilden und darf nicht Selbstzweck werden.


### 4.2.2.4. Haltung und Bewegung

Die Spiegelkontrolle wird auch eine nützliche Hilfe sein, den
Gesamteindruck der Körperhaltung und der Bewegungen zu
überprüfen, vorausgesetzt natürlich, daß der Spiegel eine entsprechende Größe hat, in der man zumindest den Oberkörper
sehen kann. Auch hier gibt es eine Unmenge von Verhaltens-

weisen, die sich der Redner einmal bewußt machen und die er
— wenn er sie als unpassend, ungeschickt oder unangebracht
erkennt — dann versuchen kann zu unterbinden.

Da gibt es zunächst die Redner — und ihre Anzahl ist sehr groß
— die einen „Drall" haben, d.h. sie nehmen stets eine Schulter
ein wenig vor und sind mit ihrer Hauptsprechrichtung nicht
auf die Mitte ihres Publikums, sondern auf einen rechts oder
links davon liegenden Punkt eingestellt. Und falls sie dies nicht
tun und die Schultern richtig gehalten werden, dann drehen
etliche wenigstens den Kopf ein wenig und sprechen nicht die
Mitte ihres Publikums an. Wohlgemerkt: hier ist nicht gemeint,
daß der Redner ständig stur in einer Richtung sprechen soll,
— im Gegenteil: das Schweifenlassen des Blicks wurde schon
intensiv behandelt. Nur sollte er darauf achten, daß er nicht
eine Hauptrichtung im Publikum anpeilt, die allzuweit vom
Zentrum entfernt ist. Denn dies würde hinsichtlich des Augenkontaktes und des aufzubauenden Vertrauens auf die Dauer
sich negativ auf diejenigen Teile des Publikums auswirken, die
sich weniger oft angeblickt fühlen.

Wichtig für die Körperhaltung ist vor allem die Stellung der
Beine; viele Redner gibt es, die während des Redens mit ihren
Beinen überhaupt nicht zurecht kommen, einseitig auf das
rechte oder linke Bein ihr Schwergewicht legen, hin- und her-
pendeln oder gar — was noch störender ist — den sogenannten
„Elefanten-Stand" üben, indem sie sich vor- und zurückwiegen.
Auch das Umherlaufen oder öfteres Platzwechseln gehört zu
diesen Unarten, die fast alle aus der Verlegenheit stammen, daß
der Redner nicht so recht weiß, was er mit seinen Beinen anfangen soll.

Sofern er hinter einem hohen Rednerpult steht, das ihn bis zur
Brust verdeckt, mag es noch angehen, wenn er manchmal merk-
würdige Beinstellungen einnimmt, weil das Publikum dies ja
nicht sieht. Sofern aber er nur hinter einem Tischpult steht,

90

muß der Redner sich zuvor sehr genau überlegen, wie er Bein-stellungen und Körperhaltung handhabt. Von einigen Redner-schulen wird empfohlen, mehrfach — jedoch nicht zu oft — Standbein und Spielbein zu wechseln, d.h. das Gewicht einmal auf das eine und dann wieder auf das andere Bein zu legen (Standbein), während das freie Bein (Spielbein) dann ein wenig entlastet ist und man ihm auch einige Fußbewegungen zur Ent-spannung gönnen kann.

Unter den vielen Möglichkeiten der Bewegung des Körpers des Redners sei auch noch besonders das Vorbeugen erwähnt, das von manchen Vortragenden übertrieben und zu viel gehand-habt wird. Sie lehnen dann wie eingeknickt auf dem Redner-pult und denken nicht daran, daß gleich zwei Negativwirkun-gen entstehen. Zum ersten könnte das Publikum den Eindruck haben, der Redner klebe am Manuskript; zum anderen drückt der Redner bei vorgebeugter Haltung den Oberkörper und da-mit den Brustkorb mit den Lungen zusammen und behindert sich so am freien und für sein Sprechen entscheidend wichti-gen Atmen (s. Abschn. 5.1.1.2).

Auch das Schiefhalten des Kopfes ist ebenso unglücklich wie wenn sich der Redner mit beiden Händen krampfhaft am Red-nerpult festhält; eine seitlich in der Hüfte einknickende Kör-perhaltung kann ebenso störend wirken wie eine übertrieben aufrechte und vielleicht den Eindruck der Überheblichkeit und des mangelnden Engagements erweckende Haltung.

Hier wurden nur einige wenige Möglichkeiten der Körperhaltung und der Bewegung angedeutet, die auf das Publikum störend wirken können. Die Spiegelkontrolle bei der Vorbereitung hilft dem Redner, die eine oder andere Angewohnheit oder Unart zu korrigieren.

### 4.2.3. Vorsprechen vor anderen

Wenn alle die genannten Vorübungen vorgenommen wurden, kann der Redner schließlich auch noch einen Kollegen, einen guten Freund oder die Ehefrau bitten, sich das Ganze doch einmal anzuhören. Er muß sich darüber klar sein, daß dieses Vorsprechen natürlich als Hauptprobe den „Ernstfall" schon deshalb nicht simulieren kann, weil sicherlich die Zusammensetzung seines Publikums keineswegs der Mentalität des Helfers beim Vorsprechen entspricht. Aber der Vorteil ist, daß der Redner von diesem Helfer Dinge als Kritik gesagt bekommen kann, die er sonst nie erfahren würde. Gerade die Unvoreingenommenheit von Menschen, die sich der Redner für diese Vorübung auswählt, ist ein entscheidender Faktor für Erkenntnisse über das rednerische Verhalten.

Bei dieser abschließenden Vorübung wird der Vortragende — auch wenn der Partner von der Thematik wenig verstehen sollte — doch sicherlich Anregungen bekommen, die für die spätere Darbietung vor dem Publikum von besonderer Wichtigkeit sein können.

### 4.3. Informationen über äußere Gegebenheiten

Alle Vorarbeiten — sowohl die Vorbereitung der Rede wie die Vorbereitungen des Redners — sind abhängig von den Gegebenheiten, die zu der vorgesehenen Veranstaltung gehören. Bereits verschiedentlich wurde darauf hingewiesen, daß die Informationen über diese äußeren Gegebenheiten das A und O aller Vorbereitungsarbeit sein müssen, d.h. der Redner muß sich soviel wie möglich Vorinformationen im Zusammenhang mit seiner Rededarbietung verschaffen und diese bei der Vorbereitungsarbeit berücksichtigen. Im folgenden seien diese Informationsbereiche nochmals zusammengefaßt, um dem Ingenieur, der sich vorbereitet, in die Lage zu versetzen, eine Checkliste zusammenzustellen.

### 4.3.1. Publikum

Schon in den Überlegungen zu Aufgaben und Zielvorstellungen ist ersichtlich geworden, daß das Maß aller Dinge für jegliche

Art von Rede das Publikum, also der Empfängerkreis sein muß.
Von dem Niveau, der Zusammensetzung und der geistigen Be-
reitschaft des Hörerkreises sind die Form der Rede, ihr Aufbau,
die Verwendung der Anschaulichkeit, die Demonstrationen und
der gesamte Stil abhängig. Dies beginnt bereits mit der Formulierung des Themas, sofern für eine Vorankündigung des Vortrags eine solche erforderlich wird. Denn wenn das Publikum
aufgrund eines ungenau oder nicht treffend formulierten Themas seine Erwartungen hinsichtlich des Vortragsinhaltes
nicht oder teilweise nicht erfüllt sieht, kann dies zu ärgerlichen
Reaktionen führen, sei der Vortrag an sich dann auch noch so
gut. Der treffenden Formulierung der Thematik sollte der Redner also bereits für die Ankündigung des Vortrags — gegebenenfalls in Abstimmung mit dem Veranstalter, dem Leiter, dem
Vorsitzenden oder einem repräsentativen Zuhörer — intensive
Aufmerksamkeit widmen, damit er und das Publikum vor Enttäuschungen verschont bleiben.

Ein Punkt, der ebenfalls von entscheidender Bedeutung für die
Wahl der rhetorischen Mittel und den Stil der Rede sein wird,
ist die Zusammensetzung des Publikums. Hier muß sich der
Redner bemühen, soviel wie möglich Informationen vorab zu
erhalten, um seinen Vortrag darauf abzustimmen. Denn es
macht für die Art der Abhandlung eines Themas einen gewalti-
gen Unterschied, ob es vor lauter Fachleuten dargeboten wird,
ob der Empfängerkreis sich aus einer breit gestreuten Palette
— vom unkundigen Laien bis zum qualifizierten Fachmann —
zusammensetzt oder ob das Publikum vornehmlich aus Nichtfachleuten besteht, die erstmals mit einem solchen Stoff kon-
frontiert werden.

Des weiteren muß sich der Redner auf die Interessenlage seines
Publikums einzustellen versuchen; sie kann je nach Aufgabe
und Zielvorstellung sehr unterschiedlich sein. Um auch hier
ein paar Beispiele zu nennen: ein Fachvortrag vor einer Gruppe

von Spezialisten muß gänzlich anders angegangen werden wie
eine Unterweisung von Verkaufsingenieuren über eine Neuent-
wicklung; eine Gruppe interessierter Besucher bei einer Werkbesichtigung erwartet eine andere Ansprache als eine Festge-
sellschaft anläßlich der Ehrung eines verdienten Kollegen. Der
Redner muß sich vorher eingehend mit der Interessensitua-
tion des zu erwartenden Publikums befassen, um hier möglichst das relativ richtige Maß zu treffen. Daß hierbei auch der
vorzusehene Zeitaufwand berücksichtigt werden muß, bedarf
keiner besonderen Erwähnung.

### 4.3.2. Zeitlicher Rahmen

Hinsichtlich der zu erwartenden Aufnahmebereitschaft seines
Publikums ist es für den Redner von Wichtigkeit zu wissen, in
welchem zeitlichen Rahmen sein Vortrag, seine Rede, seine
Ansprache steht. Sind mehrere Referate vorgesehen und an
welcher Stelle steht das eigene? Welche anderen Referate sind
dies, wer sind die Referenten, wie lauten genau die Themen,
sind Überschneidungen mit der eigenen Thematik zu befürchten? Zu welcher Tageszeit wird der eigene Vortrag vorgesehen
— morgens, wenn alle Zuhörer noch frisch und aufnahmefähig
sind, mittags nach dem Essen oder abends als letzter Vortrag
vor dem Veranstaltungsschluß? Wird der Veranstalter eine
eigene Einführung vor dem Referat geben, wie lange wird sie
sein und was wird er sagen? Alle diese und noch weitere Informationen können dazu beitragen, daß der Redner bereits bei
seiner Vorbereitung die betreffenden Punkte weitestgehend
berücksichtigt und damit die Effektivität seiner Rede verbessern kann.

### 4.3.3. Örtliche Gegebenheiten

Um sicher zu sein, daß auch von äußeren Gegebenheiten des
Raumes, in dem der Vortrag gehalten werden soll, keine Störung eintritt, die die Wirkung der rednerischen Darbietung ver-

mindert, sollte der Redner — sofern die Möglichkeit dazu besteht — vorab eine Lokalbesichtigung vornehmen. Die Größe des Raumes sollte etwa der zu erwartenden Zuhörerzahl entsprechen; eine relativ kleine Gruppe wird sich in einem riesigen Raum verloren fühlen, während andererseits ein zu kleiner Raum, der die Anzahl der Interessenten nicht faßt und in dem manche auf Notsitzen Platz nehmen oder gar stehen bleiben müssen, verärgert. Weitere Unannehmlichkeiten können durch Heizung und Lüftung entstehen; Zuhörer, die in einem überheizten Raum für längere Zeit zusammengepfercht sitzen müssen, empfinden dies als qualvoll — bei Diskussionen kann dies leicht zur Aggressivität führen. Und bei einem unterkühlten Raum denken nach einiger Zeit die meisten Zuhörer nur noch daran, daß sie kalte Füße haben und sicherlich eine Erkältung mit nach Hause nehmen werden; Zugluft kann die gleiche Reaktion beim Publikum bewirken; Sauerstoffknappheit durch mangelhafte Belüftung kann zu Ermüdungserscheinungen führen, gegen die sich manche einfach nicht wehren können.

Ein ebenfalls nicht zu unterschätzender Störfaktor kann die Beleuchtung sein; sei dies nun eine Fensterfront, durch die zu einer gewissen Tageszeit bei entsprechender Witterung unbarmherzig die Sonne hereinknallt, seien dies Beleuchtungskörper, die bei Tagestrübe oder Dunkelheit zu grell oder zu wenig hell sind. Der Möglichkeiten sind viele, — stets muß der Vorbereitende diese Gegebenheiten auch im Zusammenhang mit den von ihm vorgesehenen Demonstrationen prüfen: Ist seine Tafel bzw. Flip-Chart so aufstellbar, daß sie von allen Plätzen aus gut zu sehen und auch entsprechend beleuchtet ist? Ist der Raum für eventuelle Dia-Projektion gut, schnell und ohne Schwierigkeiten zu verdunkeln? Sind Wandlampen (Armleuchten) vorhanden, die durch grelles Licht in Augenhöhe blenden?

Auch Geräusche und Gerüche können einen sehr störenden Einfluß ausüben; man denke nur daran, wie unangenehm sich beispielsweise Straßenlärm in einem Vortragssaal auf die rein aku-

stische Verständlichkeit des Vortrags auswirken kann. Auch
der Geruch vom Dieselöl vorbeifahrender Lastkraftwagen kann
störend sein, ebenso wie etwaige Küchengerüche, die in den
Vortragsraum gelangen und die Zuhörer — zumindest kurz vor
der Mittagspause — gehörig ablenken können.

Besonderes Augenmerk ist auch den Sitzen für die Zuhörer zu
widmen. Unbequeme oder zu harte Stühle oder Sitze können
ebenso zu Ermüdungserscheinungen beitragen wie zu tiefe oder
zu weiche Sitzgelegenheiten. Darüberhinaus sollte der Redner
darum besorgt sein, daß die Sitzordnung — die Aufstellung der
Stühle — so vorgenommen wird, daß Demonstrationen von jedem Platz aus relativ gut zu sehen sind. Auch Durchgangsrei-
hen sollten vorgesehen werden, damit Zuspätkommende oder
früher Weggehende nicht allzusehr durch ihr Vorbeidrücken
andere stören.


### 4.3.4. Technik

Hier steckt — gerade dem Ingenieur aus anderen Situationen
sicherlich nicht unbekannt — der Teufel im Detail. Und auch
mit der sorgfältigsten Vorbereitung wird man nie ganz die
Tücken des Objektes ausschalten können. Bei einer intensiven
Vorbereitung jedoch kann der Redner zumindest Vorsorge
treffen, damit die gängigsten Pannen vermieden werden.

Man muß sich beim Verwenden elektrischer Geräte — Tonbandgerät, Overhead-Projektor, Bildwerfer etc. — unbedingt als Vortragender vorher darum kümmern, welche Stromspannung und
-art im Vortragsraum zur Verfügung steht, wo die Steckdosen
sind, ob Verlängerungskabel erforderlich sind, wo sich der Siche-
rungskasten befindet und ob auch Ersatzsicherungen — falls
nicht automatische — vorhanden sind. Das Verlängerungskabel
ist so zu verlegen, daß hereinkommende Teilnehmer nicht darüber stolpern können; es muß jemand beauftragt sein, der bei
Verdunkelung des Raumes die entsprechende Einrichtung so-

wie die Lichtschalter betätigt. Auch das Rednerpult muß auf
seinen Standplatz, seine Standsicherheit und auf seine — eventuell verstellbare — Höhe der Manuskriptauflage geprüft werden
sowie auf die Leselampe, die bei Verdunklung die Redeunterlagen des Vortragenden dezent beleuchtet und die Zuschauer
nicht blenden darf.

Beim vorgesehenen Gebrauch einer Lautsprecheranlage — in
einem größeren Saal — muß der Redner vorher eine Funktions-
prüfung vornehmen, die sich nicht nur auf die technische Be-
dienung einschl. des Aussteuerns des Tones beschränkt, sondern
unbedingt auch eine Sprech- und Hörprobe einschließen muß.
Man setzt Helfende in dem noch leeren Saal in die hintersten
Ecken, um das Ankommen des Tones auch dort überprüfen zu
können; man muß außerdem unbedingt die günstigste Sprech-
entfernung von Mund zum Mikrophon ausprobieren, damit der
Ton nicht übersteuert oder schlecht verständlich wird.

Bei aller Bemühung, durch Vorsorge technische Pannen zu vermeiden, werden diese doch nie ganz auszuschalten sein. Da kann
die Birne des Dia-Projektors nach dem zweiten Bild durchbren-
nen, da sind die Filzstifte für das Zeichnen auf der Flip-Chart
ausgetrocknet, da stolpert der Redner über eine zuvor nicht be-
merkte Stufe, die zum Rednerpult führt, oder es knarrt der
Fußboden, auf dem der Redner steht, bei jeder geringfügigen
Gewichtsverlagerung. Trotzdem: für den Redner muß es Grundsatz sein, sich vor der Veranstaltung soviel wie möglich über alle
diese Gegebenheiten zu informieren, damit er durch entsprechende Maßnahmen noch hier und da Veränderungen und Vorsorge treffen kann. Sie werden ihm für sein rednerisches Auftreten ein Gefühl der Sicherheit geben, das er gut gebrauchen kann.

# 5. Auftreten des Redners

Wenn nun ausführlich das eigentliche Auftreten des Redners abgehandelt werden soll, muß man sich klar darüber sein, daß viele Gesichtspunkte bereits bei den Abschnitten der Vorbereitung (Abschn. 3 und 4) behandelt wurden. Denn je besser die Vorbereitungen — insbesondere die Vorübungen — betrieben wurden, desto sicherer kann der Vortragende sein, daß sein eigentlicher Auftritt gelingt. Diese Grundeinstellung wird dem Redner, der von Redeangst und Lampenfieber geplagt ist, auch ein gewisses Maß an Selbstsicherheit geben, indem er sich sagen kann, daß er alles getan habe, um das rednerische Auftreten zu einem Erfolg zu gestalten. Wenn dann doch noch — was unvermeidbar ist — Fehler und Pannen auftreten, dann sollte der Redner sie nicht schwer nehmen, sondern für die Zukunft daraus lernen. Denn wer glaubt schon daran, daß er fehlerfrei sei und alles so hundertprozentig gelingen werde, wie dies geplant ist? Auch der Ingenieur muß sich diese Einstellung zur Redeleistung zu eigen machen: im psychologischen Bereich läßt sich eben nicht alles exakt messen und im voraus berechnen wie bei einer Konstruktion oder einem technischen Bau. Hier wirken zuviel Imponderabilien und Unberechenbares der menschlichen Seele mit, was dazu zwingt, mit Schätzwerten über menschliche Verhaltensweisen zu arbeiten.

## 5.1. Persönlichkeitswirkung

Es ist sehr einfach, die Behauptung aufzustellen, der Redner müsse vor allem durch seine Persönlichkeit wirken, dann werde ihm das Publikum notfalls auch kleine Fehler oder Schwächen

nicht ankreiden. Diese Feststellung ist zwar richtig, doch was
kann der Redebeflissene damit anfangen? Persönlichkeit ist
ein Wert, den man nicht kaufen kann; über den Begriff Persönlichkeit gibt es umfangreiches Schrifttum — und der Streit
unterschiedlicher Auffassungen und Auslegungen des Begriffes
besteht seit der Zeit der griechischen Philosophen und ist heute
eher größer geworden denn je.

Das Wort *Persönlichkeit* wird heute allgemein in dreierlei Hinsicht verstanden. Zunächst einmal als *Individuum*; in diesem
Sinne ist jeder Mensch — gleich welcher Herkunft, welcher Haut-
farbe und welchen Charakters — eine Persönlichkeit. Mit diesem Begriff arbeitet auch die Wissenschaft der Psychologie,
wenn sie mit unterschiedlichen Methoden und Tests eine Per-
sönlichkeitsanalyse erstellt, um ein Persönlichkeitsbild des betreffenden Individuums zu erhalten. Hier sei daran erinnert,
daß in Abschnitt 2.1 über die Psychosomatik von der Einheit
— der Unteilbarkeit des menschlichen Wesens — und damit von
der Untrennbarkeit von Geist, Seele und Körper gesprochen
wurde. Dies ist auch von entscheidender Bedeutung für die Wirkung eines Redners.

Der zweite Begriff des Wortes Persönlichkeit ist der der *Individualität;* darunter versteht man einen Menschen, der durch
selbständiges Denken zu einer eigenen Urteilsbildung und zu
einem eigenständigen Verhalten gelangt, das sich gegebenenfalls auch vom Verhalten anderer Menschen, von der Masse, von
Mode und Zeiterscheinungen unterscheiden kann. In diesem
Sinne wird der Begriff vielfach falsch aufgefaßt, denn es gibt
viele Menschen, die glauben, sie seien bereits eine Persönlichkeit, wenn sie nur sich anders verhalten und anders handeln als
andere Menschen. Und darauf sollte jeder bei der Beurteilung
anderer Menschen sehr kritisch achten: *nur* derjenige ist Persönlichkeit im Sinne einer Individualität, dessen Verhaltensweise selbständigem Denken und daraus resultierender eigener
Urteilsbildung entspringt. Das Bemühen allein, nur etwas zu tun,

durch das man sich von den anderen abhebt oder unterscheidet, ist noch lange keine Individualität. Der betreffende Mensch strebt nach Anerkennung — entsprechend der vierten Stufe der Maslow'schen Bedürfnis-Hierarchie (s. Bild 4), jedoch von falschen Voraussetzungen ausgehend und mit falschen Mitteln.

Ein Mensch jedoch, der eine echte Individualität erreicht, wird dann auch dazu kommen, der dritten Vorstellung von Persönlichkeit zu entsprechen und eine *Wirkung auf die Umwelt* zu erreichen; das ist der Vorgang, der auch den Redebeflissenen interessiert und den er zu erreichen versuchen sollte. Bereits in Bild 2 wurde deutlich gemacht, daß es sich hier um ein Regelkreisverhalten im kybernetischen Sinne handelt: durch ständige Beobachtung seiner Wirkung auf die Umwelt wird der Mensch Regelungen — im Sinne von Anpassungen — vornehmen, um auf diese Weise die bestmögliche und -erreichbare Wirkung auf andere Menschen zu erzielen.

Um Mißverständnisse zu vermeiden, muß hier deutlich gesagt werden, daß es sich bei dem Begriff der Anpassung um die Lebenserhaltung im biologischen Sinne handelt, wie sie alle Lebewesen auf unserer Erde seit Jahrmillionen praktizieren. Hier ist nicht eine Anpassung gemeint im Sinne dessen, daß der Mensch Speichellecker oder gar Kriecher ist. Das wäre auch nicht das Persönlichkeitsstreben im Sinne der Stufe V bei Maslow, die auch als das Streben nach Selbstverwirklichung bezeichnet wird. Auf den Redner übertragen, bedeutet dies, daß er keineswegs den anderen „nach dem Munde reden" soll, sich aber doch stets den äußeren Gegebenheiten, dem Publikum und seinem Niveau, anpassen muß, wenn er überhaupt eine entsprechende Wirkung erzielen will.


*5.1.1. Innere Einstellung*

Wenn wir wissen, daß der Mensch als unteilbare Einheit — als Individuum — besteht, dann spiegelt seine nach außen ausstrah-

100

lende Wirkung den Zustand seiner inneren Verfassung wider.
Auf den Redner übertragen bedeutet es, daß innere Unfreiheit,
Gehemmtsein, Unsicherheit und mangelndes Selbstvertrauen
auf jeden Fall dem Publikum spürbar werden. Auch hier ist an-
zumerken, daß diese Kräfte nicht meßbar sind; zumindest nicht
mit unseren Meßinstrumenten. Man ist zwar in der modernen
Psychophysik der sogenannten Empfindlichkeit (engl.: sensiti-
vity) — auch der Techniker kennt dies bei der Empfindlichkeit
von Instrumenten — auf der Spur, doch wird es wohl noch
einige Zeit dauern, bis hier tatsächliche Meßwerte entwickelt
werden können. Es muß daher dem Ingenieur, der sich mit dem
Redenlernen befaßt, vorläufig zugemutet werden, mit Kräften,
Energien und Strahlungen der menschlichen Seele umzugehen,
die sich noch nicht exakt messen lassen. Kein Grund aber, ihre
Existenz und ihre Wirkung, die jeder schon am eigenen Leibe
zu spüren bekommen hat, abzuleugnen.

Da es zwecklos ist und unnötigen Energieaufwandes bedürfte,
eine innere Einstellung — beispielsweise der Erregung oder der
Unsicherheit — durch äußerlich anderes Gehabe wie in diesem
Falle gespielte Ruhe überwinden zu wollen, muß sich der Redner vor allem darum bemühen, seine innere Einstellung, seinen
psychischen Zustand, in den Griff zu bekommen und notfalls
zu verändern. Die entsprechende Wirkung nach außen wird dann
automatisch nicht ausbleiben.


### 5.1.1.1. Redeangst

Der am häufigsten vorkommende Zustand eines Redenden ist
die sogenannte Redeangst, die sowohl die Angst vor dem Publikum, vor der Blamage, vor dem Versagen, vor der Unsicherheit
als auch vor Störungen des geplanten Ablaufs beinhalten kann.
Es gibt eine geistvolle Anekdote über den griechischen Philosophen und Redner Sokrates, in der eigentlich alles hinsichtlich der Angst, vor dem Publikum zu sprechen, gesagt wird und
die daher nicht vorenthalten werden soll:

*Als Sokrates seinen Lieblingsschüler Alkibiades in bedrückter Stimmung in den Straßen Athens traf, fragte er ihn, warum er denn den Kopf so hängen lasse. Alkibiades bekannte, daß er Angst habe, weil er in der Volksversammlung öffentlich zu sprechen habe. Sokrates fragte ihn darauf, ob er wohl diese Angst auch empfände, wenn er seine Sache einem einzelnen Kaufmann, einem Handwerker, einem Bekannten oder einem Freund vortrüge. Als Alkibiades dies verneinte, fuhr Sokrates fort: „Aber vielleicht würdest du dich scheuen, darüber einem Ratsmitglied oder etwa deinem Nachbarn zu berichten?" — „Keineswegs", erwiderte Alkibiades, „denn mit diesen spreche ich doch fast täglich über meine Dinge." — „Nun also," gab der Meister seine Lehre, „warum hast du dann Angst, in der Volksversammlung zu sprechen, die sich ja doch aus nichts anderem zusammensetzt als aus Leuten, zu denen im einzelnen zu sprechen du nicht bange bist?"*

Diese weise Lehre des großen Griechen sollte sich jeder Redebeflissene ständig immer wieder vor Augen halten, um sich durch die entsprechende Häufigkeit der Einprägung — als Effekt zum Langzeitgedächtnis — allmählich zu einer Grundeinstellung zu bringen, in der es ihm nichts mehr ausmacht, vor anderen Menschen das Wort zu ergreifen. Wenn er sich — im Sinne einer Selbsterziehung — auch dann noch bewußt macht, daß er bei jedem Gespräch mit einem Kollegen, beim Mittagessen im Gespräch mit Freunden, bei einer Ermahnung an seine Kinder oder mit wenigen Sätzen, die er als Diskussionsbeitrag in einer Konferenz von sich gibt, schon eine kleine *Rede* gehalten hat, dann gibt er sich selbst pädagogische Verstärker, die ihn allmählich dazu führen werden, keine Angst mehr vor dem Reden vor mehreren Menschen zu haben.

Die zweite Wurzel der Redeangst ist die Unsicherheit hinsichtlich des vorzutragenden Sachinhaltes. Sie ist vielfach nur eingebildet, aber allein die Möglichkeit, daß man sich da oder dort irren könne, daß einem dies oder jenes entfallen oder im rechten Augenblick nicht einfallen werde, daß ein Hörer dies oder das besser wissen könne, bewirkt eine Erwartungshaltung zur Blamage und schafft innere Unsicherheit, die auch nach außen erkennbar wird. Hier hilft nur eines: die intensive Vorbereitung hinsichtlich des Stoffes, die einem dann das Gefühl gibt: Du bist deiner Sache sicher, — es kann dir nichts passieren! Nicht umsonst wurde ein umfangreicher Teil dieser gesamten Abhandlung — Abschn. 3 und 4 — ausschließlich der Vorbereitung gewidmet und immer wieder betont, daß die gute Redeleistung entscheidend abhängig ist von der entsprechend guten Vorbereitung. Wenn der Redner diese richtig betrieben hat, kann er an seinen Vortrag mit jener inneren Sicherheit gehen, die auch einen gut trainierten Sportler auszeichnet, der sich seiner Leistung sicher ist.

Eine dritte Wurzel der Redeangst haben viele Vortragende vor nicht einzukalkulierenden Störungen und anderen imponderabelen Geschehnissen. Auch hier zeichnet sich eine gewisse Erwartungshaltung ab, die unnötigerweise zu einer Spannung führen wird. Man hat zwar alles gut vorbereitet, man kennt auch das Publikum und fürchtet sich nicht davor, aber da könnte ja etwas Unerwartetes, Unvorhersehbares geschehen, das einen aus dem Konzept bringt, den Faden verlieren läßt, das Publikum ablenkt, eine Panne im Ablauf bewirkt oder sonst irgendwie stört. Notfalls träumt der Redner schon vorher von solchen Situationen, in denen er durch einen Schock nicht weiter weiß, es ihm die Rede verschlägt und er am liebsten in den Boden versinken möchte.

Nun, auch diese negative Erwartungshaltung kann der Redner größtenteils durch Autosuggestion überwinden. Wenn er nämlich hinsichtlich der beiden zuerst geschilderten Wurzeln der Angst — vor den Menschen sprechen zu müssen und in bezug auf die Sache nicht sicher zu sein — die richtige positive Grundeinstellung und damit Sicherheit gefunden hat, wird er auch die

notwendige Gelassenheit entwickeln, Unvorhergesehenem mit
Ruhe zu begegnen.

### 5.1.1.2. Atmung

An dieser Stelle sei erlaubt, auf ein Mittel hinzuweisen, das zwar
akut im Augenblick des Auftretens und Wortergreifens angewandt werden kann, das jedoch auch in engem Zusammenhang
mit der inneren Einstellung des Redners steht: die Atmung.
Der moderne, mit der Technik verhaftete Mensch verliert immer
mehr den bewußten Bezug zu den natürlichen Grundlagen des
Lebens, von denen die Atmung die wichtigste — wichtiger noch
als die Ernährung — ist. Es soll hier beileibe nicht irgendwelchen
Naturheillehren oder dem Yoga das Wort geredet werden, sondern man muß sich einfach einmal des entscheidenden psychosomatischen Zusammenhanges bewußt werden und diesen für das
Verhalten des Redners auswerten.

Der physiologische Vorgang beim Atmen ist allgemein bekannt:
beim Einatmen geht die Luft in die Lunge, von der Lunge aus
geht der lebenswichtige Sauerstoff in das Blut, und wenn das
Blut mit Sauerstoff angereichert ist, kann es besser zirkulieren,
die Zellen werden besser mit Blut versorgt und die Funktionen
des Körpers können besser vor sich gehen. Außerdem dürfte
daraus klar ersichtlich sein, daß eine bessere Durchblutung
unserer Gehirnzellen auch unseren psychischen Zustand entsprechend steuert.

Dieser Zusammenhang zwischen der Atmung und dem psychischen Zustand ist der deutlichste Beweis für die psychosomatischen Verbindungen zwischen Körper und geistig-seelischem Bereich; er kommt auch in zahllosen Redewendungen unseres täglichen Sprachgebrauchs zum Ausdruck und ist also gar nichts
Neues:

*Wenn wir einen plötzlichen Schreck oder einen Schock be-*
*kommen, sagen wir: „Mir bleibt die Luft weg!" — bei einer*

*Spannung, mit der wir etwas erwarten, „halten wir die Luft an." — Unser Atem geht wesentlich schneller, wenn wir erregt sind — und umgekehrt ist er sehr langsam, wenn wir uns in einem Zustand der inneren Ruhe und Entspannung befinden. — Und sicher haben wir alle schon einmal nach einer großen Anspannung oder beim Abklingen einer starken psychischen Konzentration einen „Seufzer der Erleichterung" ausgestoßen, ebenfalls ein Atmungsvorgang, der sich parallel zur plötzlichen Entspannung abspielt.*

Wenn — wie aus den genannten Beispielen zu ersehen — eine so offensichtliche Parallele zwischen dem psychischen Zustand des Menschen und seinem Atemverhalten besteht, liegt die Folgerung nahe, daß der Mensch umgekehrt auch durch bewußtes Atmen seinen seelischen Zustand beeinflussen kann. Nichts anderes tun beispielsweise indische Yogis bei ihren Konzentrationsübungen; nichts anderes tun auch viele Sportler vor dem Start zu einer Leistung.

Auf die rednerische Praxis übertragen bedeutet dies: der Redner, der sich vor seiner Rede — und zwar nicht nur in den letzten Sekunden vor dem Auftreten — bewußt darauf einstellt, langsam und tief durchzuatmen und sich darauf voll konzentriert, wird auch seine psychische Erregung um ein Wesentliches herabmindern können. Dies ist individuell zwar unterschiedlich und wird auch bei jedem Einzelnen unterschiedliche Wirkungen haben, aber das Grundprinzip wird jedem Redebeflissenen einleuchten. Er darf nur nicht — und dies kommt leider sehr oft vor — diese Dinge im entscheidenden Augenblick vergessen, anzuwenden.


### 5.1.2. Äußere Erscheinung

Wie eng innere Zustände und Vorgänge mit der äußeren Situation zusammenhängen, wird nicht nur beim psychosomatischen Zusammenspiel zwischen psychischem und physischem Verhalten

offensichtlich; auch die äußeren Gegebenheiten um die Figur
des Redners stehen in Wechselwirkung mit seinem inneren Zustand.

*Unsicherheit des Redners infolge mangelhafter Vorbereitung
kann für den kritischen Betrachter erkennbar werden am
Zittern der Hände, das dann besonders bemerkbar ist, wenn
diese ein Manuskriptblatt halten. Starke Schweißaussonde-
rung, nervöses Zucken mit den Augen oder um die Mund-
winkel, Verfärbung der Haut — Blässe oder Rötung — oder
stereotype Bewegungen, zu leises, abgehacktes oder stottern-
des Sprechen, — alle diese Verhaltensweisen sind ebenso Zeichen innerer Spannung oder Unsicherheit wie andererseits
aus äußeren Gegebenheiten innere Unruhe entstehen kann.
Der Redner, der sich beispielsweise seiner Haltung und Bewegungen nicht sicher ist (weil er sie vorab nicht ausreichend geübt hat), der glaubt, nicht passend gekleidet zu sein,
der sich dessen bewußt wird, daß man ihm seine Nervosität
ohne Mühe ansehen kann — dieser Redner wird auch eine
entsprechend verklemmte innere Einstellung bekommen.*

Wenn der Redner sich bewußt macht, daß jeder Mensch und
damit auch jedes Publikum dazu neigt, sich aus dem ersten Eindruck des Vortragenden eine Meinung zu bilden — die selbstverständlich ein Vorurteil sein kann — dann sollte der Redner
auch daran denken, sein Auftreten so zu praktizieren, daß den
Zuhörern möglichst wenig Anhaltspunkte für ein negatives Vorurteil geboten werden. Und da Vorurteile immer sehr schwer
auszuräumen sind, dürfte es auch dem Redner sehr schwer fallen, seine Hörer zu einer positiven Einstellung — als erster Voraussetzung für seinen rednerischen Erfolg — zu bringen.

Natürlich ist kein Redner davor sicher, daß seine Krawatte oder
sein Anzug dem einen oder anderen Hörer nicht gefallen. Aber
für eine gewisse Gepflegtheit des Äußeren kann der Redner
schon Sorge tragen, sei dies nur durch einen Blick in den Spie-

gel vor dem Vortrag, um Anzug und Sitz der Krawatte zu überprüfen oder die Haare noch einmal durchzukämmen. Der Anzug selbst sollte nicht zu stark von der Kleidung des Publikums abweichen — ein betont salopp gekleideter Redner wird auf ein Publikum, das in guter Kleidung versammelt ist, ebenso negativ wirken wie ein Redner, der vor einem leger gekleideten Publikum besonders modisch adrett oder gar geckenhaft gekleidet auftritt. Grundsatz sollte sein, daß der Redner, wenn er diese Kleidungsfrage einigermaßen voraussehen kann, stets um ein klein wenig sorgfältiger und gepflegter angezogen sein soll als seine Hörer. Das wird ihm selbst eine gewisse innere Sicherheit im oben erwähnten Sinne geben und auch keine negative Kritik des Publikums einbringen.

Die Haltung beim Beginn der Rede sowie die Stimme, die ebenfalls für die erste Meinungsbildung beim Publikum entscheidend sind und die daher besonders beachtet und notfalls geübt werden müssen, werden noch zu behandeln sein.


### 5.1.3. Empfehlungen zur Psychosomatik

Wer den Anfang „vor dem Anfang" richtig handhaben will, indem er — insbesondere unter Berücksichtigung der psychosomatischen Erkenntnisse — Verhaltensweisen praktizieren möchte, die seine Persönlichkeitswirkung bewußt oder unbewußt erhöhen, sollte sich an die folgenden Empfehlungen halten. Zwar wird nicht jeder Redner in jeder Situation die Möglichkeit haben, alle diese Empfehlungen auch auszuführen; er sollte jedoch so viel wie möglich davon beherzigen und wird die Wirkung am eigenen Leib erfahren.

Empfehlung 1:

Mache dir bewußt, daß du dich wirklich gut und umfassend vorbereitet hast und daß — von der Sache her — eigentlich nichts schiefgehen kann! Betreibe dies autosuggestiv, indem du dir dies immer wieder selbst sagst!

Empfehlung 2:

Iß und trinke nicht zuviel und zu schwer vor deiner Rede! Die
Verdauungstätigkeit ist eine Schwerarbeit — und du kannst
deinen Körper nicht zugleich auch noch mit der Schwerarbeit
des Denkens und Sprechens belasten.

Empfehlung 3:

Gehe nicht mit leerem Magen an deine Redeaufgabe heran!
Auch wenn du glaubst, vor Nervosität „keinen Bissen herunter-
bringen" zu können, mußt du dich doch zwingen, eine Kleinigkeit zu essen und zu trinken. Dies nimmt dir nicht nur den faden
Geschmack im Mund, sondern bringt dir auch einige für die
psychische Schwerarbeit unbedingt notwendige Kalorien.

Empfehlung 4:

Trinke keinen Alkohol oder starken Kaffee vorher, um dich auf-
zuputschen! Es könnte die Gefahr entstehen, daß du „überdrehst".
Ein Glas Sprudelwasser mit einem Schuß Kognak kann das richtige Maß sein, aber das mußt du — da jeder Mensch anders reagiert
— ausprobieren.

Empfehlung 5:

Vergiß auf keinen Fall vor der Rede den Gang zur Toilette!
Denke im Scherz an den Satz aus einer militärischen Dienstvor-
schrift „Voller Bauch und volle Blase vermindern die Kampf-
kraft des Soldaten!"

Empfehlung 6:

Blicke noch einmal — auf der Toilette oder in der Garderobe
— in den Spiegel und überprüfe den Anzug, den Sitz der Krawatte, die Haare, das Brusttuch usw.!

Empfehlung 7:

Nimm — wie auch immer — die Gelegenheit wahr, dich noch einmal wenige Minuten an der frischen Luft zu bewegen und mehrfach tief und langsam durchzuatmen! Mache dabei ein paar kleine Lockerungsübungen der Beine und der Hände, entspanne die Gesichtszüge!

Empfehlung 8:

Nimm auf keinen Fall irgendwelche Tabletten — Beruhigungs- oder Aufmunterungsmittel — wenn du ihre Wirkung in einer solchen Situation nicht intensiv erprobt hast und ihre Folgen genau kennst! Auch wenn dir gute Freunde unbedingt irgendwelche Mittelchen aufdrängen wollen — bleibe standhaft in der Ablehnung!

Empfehlung 9:

Spätestens eine Viertelstunde vor deinem Auftreten denke nicht mehr an das Thema und den Vortrag überhaupt! Entspanne dich im Gespräch mit Freunden oder Bekannten und unterhalte dich gelockert über alles mit ihnen, nur nicht über deine bevorstehende Rede!

Empfehlung 10:

Freue dich darauf, reden zu dürfen — so sehr, daß du es — unterbewußt — eigentlich gar nicht erwarten kannst, nun endlich dranzukommen!


Um nicht den Eindruck eines geplanten Perfektionismus zu erwecken, muß noch etwas Grundsätzliches zur Persönlichkeitswirkung beim Auftreten des Redners gesagt werden: eine gewisse Restnervosität sollte noch vorhanden bleiben. Sicherlich wird derjenige Redner, der völlig eiskalt und anscheinend ohne irgendwelche Gemütsbewegung vor sein Publikum hintritt, nicht bei allen Zuhörern den besten Eindruck machen. Irgendwie muß

die natürliche Spannung des Augenblicks auch den Empfängern
spürbar werden, obwohl sie — wie so manches — sich nicht in
irgendwelchen Meßeinheiten feststellen läßt. So wie der Reiter
vor dem Sprung über das Hindernis sein Pferd „versammelt",
um dann die Hürde anzugehen, so muß auch der Redner eine
gewisse — positive — Nervenanspannung haben, die erst ihn be-
fähigen wird, die erwartete Leistung zu erbringen. Ohne dieses
Fluidum wird seine rednerische Darbietung kalt, gefühllos und
ohne inneres Engagement wirken.

## 5.2. Redetechniken

Da es schwierig ist, das weite Gebiet der Redetechniken — von
denen einige bereits in den Abschnitten der Vorbereitungen
(Abschn. 3 und 4) erwähnt wurden — überschaubar zu machen,
seien sie in den groben Rahmen des Zeitablaufes der Rede gestellt. Dies ist jedoch nur eine gewählte Systematik; in der
Praxis der Rede wird der Vortragende diese Techniken (von
den zeitgebundenen wie Anfang und Schluß abgesehen) natürlich beliebig und nach Bedarf verwenden. Er muß auf ihnen
spielen wie auf den Registern eines Orgelwerkes; daß einem
diese Fertigkeit nicht einfach zufliegen wird, sondern daß sie
nur durch Übung und Erfahrung zu erreichen ist, bedarf keiner
besonderen Erwähnung. Aber auch gerade diese Notwendigkeit,
zu üben und Erfahrungen zu sammeln, sollte den Redebeflissenen bestimmen, so viel wie möglich Gelegenheiten zu suchen,
um das Wort ergreifen zu können. Man kann dann sogar aus der
jeweiligen Situation heraus sich bewußt vornehmen, einmal
diese oder jene Technik anzuwenden; der Erfolg wird auf die
Dauer sicherlich nicht ausbleiben. Durch gelegentliche Mißer-
folge sollte sich der Redeschüler keineswegs entmutigen lassen;
auch sie bewirken einen Lerneffekt in der Persönlichkeitsbil-
dung des Redners, der — langfristig betrachtet — seinen Wert
haben wird.

*5.2.1. Anfang*

In den Empfehlungen zur Psychosomatik (Abschn. 5.1.3) wurde
vom „Anfang vor dem Anfang" gesprochen, also von der Einstellung und dem Verhalten des Redners, bevor er beginnt zu
sprechen. Einige technische Dinge, die noch vor dem Zeitpunkt
liegen, da der Vortragende wirklich den Mund zum Sprechen
öffnet, bedürfen jedoch noch der Erwähnung und der Beachtung durch den Redner. Denn schon ehe er wirklich spricht,
richten sich die Blicke der Anwesenden auf ihn, und er muß
damit rechnen, daß sich bereits Urteile bilden. Das berühmte
Wort von Martin Luther sagt dies in unübertrefflicher Kürze
und Prägnanz: „Tritt fest auf — mach's Maul auf — hör' bald
auf!" Abgesehen vom zweiten und dritten Gedanken dieses
Ratschlags, nämlich deutlich und klar zu sprechen und die
Würze in der Kürze liegen zu lassen, zeigt der erste Gedanke,
welche Bedeutung der Meister des Wortes — Luther war ein
stimmgewaltiger Prediger — dem ersten Eindruck beimißt, den
der Redner dem Publikum bietet, noch ehe er „das Maul aufmacht".


### 5.2.1.1. Wortergreifen

Wenn nicht — wie bei einem vereinbarten Fachvortrag oder bei
einem Unterricht — die äußeren Gegebenheiten vorab bis ins
Detail festgelegt sind, wird jeweils die besondere Situation den
Redner, der das Wort ergreifen will, dazu zwingen, oftmals eine
sehr schnelle Entscheidung darüber zu treffen, ob, wann und
wie er reden soll, um die beste Wirkung bei den Anwesenden zu
erreichen. Das wird in einer Problemkonferenz anders sein als
bei einer Familienfeier, bei einer Veranstaltung mit Podium-
diskussion anders als in einer Elternversammlung oder in der
Sitzung eines Fachgremiums. In jedem Falle ist das Wortergreifen abhängig von Gegebenheiten des Raumes und der Sitzordnung, vom Publikum, von den Modalitäten der Geschäftsord-

nung und von der gedanklichen Situation, die im Augenblick die
Gruppe beherrscht.

Die Formulierung „er ergriff das Wort" ist eine sehr vage Um-
schreibung für ganz verschiedene Vorgänge. In ihr sind enthalten die Wortmeldung, das Verschaffen von Gehör, die Wahl des
Platzes und der Haltung (sitzend oder stehend) sowie das Einnehmen derselben und der eigentliche Redebeginn mit der
Anrede der Anwesenden. Zugegebenermaßen sind hier schon
eine solche Menge von rednerischen Verhaltensweisen einbe-
griffen, von denen jede einzelne eine entsprechende Wirkung
auf das Publikum hat, das sich ja so schnell wie möglich ein
Bild von demjenigen, der hier nun in den Mittelpunkt des Inter-
esses tritt, machen will. Bei einem vorbereiteten Vortrag, bei
einer Festrede, einer Ansprache oder einer Unterweisung sind
die äußeren Modalitäten weitestgehend vorher festgelegt und
spielen sich nach einem bestimmten Ritus ab, in den sich der
Redner einfügen muß und der ihm wenig Entscheidungsspiel-
raum geben wird. Um einmal ein krasses Beispiel anzuführen:
wenn der Redner in einer Festversammlung mit Podium und
Blumenschmuck sich plötzlich entschließen wollte, von seinem
Sitzplatz im Publikum aus im Sitzen die Laudatio zu halten, so
wäre dies sicherlich unpassend. Aber bei vielen Zusammenkünf-
ten hat derjenige, der das Wort ergreifen will, noch die Möglichkeit, bestimmte Verhaltensweisen zu wählen; er muß sich für
diejenige entscheiden, von der er sich die beste rednerische
Wirkung erhofft.


Bei Konferenzen, Versammlungen oder Diskussionsgremien
steht am Anfang für jeden, der das Wort ergreifen möchte, die
*Wortmeldung.* Sie wird — je nach Gepflogenheiten des Gremiums
und nach Technik des Leiters — unterschiedlich gehandhabt,
aber in jedem Falle wird mit ihr festgestellt, daß der sich zu
Wort Meldende sich mit einem Diskussionsbeitrag beteiligen
möchte. Je nach der Situation erfolgt dann sofort oder später

die *Worterteilung* durch den Leitenden. Sie dient dazu, dem Redewilligen Gehör zu verschaffen, also gegebenenfalls für Ruhe und allgemeine Aufmerksamkeit zu sorgen. Ist kein Leiter vorhanden, so muß sich der Redner selbst Gehör verschaffen, — dies kann mit verschiedenen Mitteln geschehen, von der lauten Formulierung „ich möchte dazu auch einmal etwas sagen" in einem zwanglos sich unterhaltenden Kreis bis zum Klopfen ans Glas und Aufstehen bei einer Festtafel und der Bitte um Aufmerksamkeit. Hierzu kann es keine Patentrezepte geben, aber der Redner wird sich in jedem Falle zuvor genau überlegen müssen, zu welchem passenden Mittel er greifen muß, um die allgemeine Aufmerksamkeit auf sich zu lenken.

Abgesehen von den bereits erwähnten Situationen, in denen der Platz des Redners vorab festgelegt ist, wird der das Wort Ergreifende — nachdem ihm das Wort erteilt wurde oder er selbst die allgemeine Aufmerksamkeit erhalten hat — sich entscheiden müssen, welchen Platz und welche Haltung er einnehmen will. Er sollte sich bei dieser Entscheidung nicht von allgemeinen Gepflogenheiten oder dem Verhalten der Vorredner oder von seinen eigenen Hemmungen leiten lassen, sondern lediglich von den Gesichtspunkten der Zweckmäßigkeit. Und zweckmäßig ist es für den Redner, gut gesehen und gut gehört zu werden und selbst sein Publikum gut sehen, also im Auge haben zu können. Allein nach diesen Überlegungen sollte er verfahren und entscheiden, ob er im Sitzen von seinem Platz aus spricht, ob er aufsteht und vor seinem Stuhl am Tisch stehen bleibt oder hinter seinen Stuhl tritt, ob er an ein vorhandenes Rednerpult tritt, ob er einen Platz neben dem Leitenden einnimmt oder ob er gar völlig frei im Raume stehend sich eine ihm günstig erscheinende Stelle zum Sprechen aussucht.

Im *Sitzen* von seinem Platz aus wird der Redner auf jeden Fall dann sprechen, wenn ihm gesundheitliche Gründe nicht gestatten, aufzustehen oder länger stehen zu bleiben. Falls dieses Verhalten aus der Reihe fällt, weil alle anderen Redner aufge-

standen oder gar nach vorne getreten sind, sollte der Redner
ein paar erklärende Worte sagen und begründen, warum er im
Sitzen sprechen muß.

Im Sitzen wird man auch dann sprechen, wenn es sich um einen
relativ kleinen und überschaubaren Kreis handelt, den man auch
von seinem Platz aus gut im Blick haben kann. Der Sonderfall
könnte hier sein, daß es sich um einen Toast — einen Glück-
wunsch oder eine Ehrung — handelt, dem man durch das Aufstehen, auch in einem kleinen Kreis bis herunter zu einer ge-
mütlichen Tafelrunde von vielleicht nur fünf Personen, besonderes Gewicht verleihen möchte.

Der Redner wird auch dann sitzen bleiben, wenn sein Diskussionsbeitrag relativ kurz ist und vielleicht nur wenige Worte umfaßt. Denn es wäre unangemessen, wenn umständliches Aufstehen oder gar noch Vortreten zu einem Platz mit größerer
Übersicht längere Zeit in Anspruch nehmen würde als die Redezeit für die wenigen Worte. Man steht ja auch nicht auf, wenn
man in irgendeiner Veranstaltung nur einen Zwischenruf
macht.

Falsch jedoch ist es, nur aus lauter Bequemlichkeit sitzen zu bleiben oder deshalb, weil man Hemmungen hat, — Hemmungen
deshalb, weil alle Vorredner eben im Sitzen gesprochen haben.
Insbesondere wenn der Redner einen ungünstigen Platz in der
Ecke oder an der Längsseite eines Konferenztisches hat, von
dem aus er nicht alle Teilnehmer im Auge haben kann, sollte
er so unorthodox sein, seinen Platz zu verlassen und sich dort
hinzustellen, wo er glaubt, einen besseren Überblick zu haben.

Ein Sonderfall soll noch erwähnt werden, der einen Diskussionsredner trotz ungünstigen Platzes veranlassen könnte, sitzen zu
bleiben und nicht aufzustehen oder gar an eine andere Stelle zu
treten: das wäre, wenn zwischen dem Redner und den Hörern
oder zumindest einigen von ihnen ein gewisses Spannungsver-
hältnis aus einer negativen Einstellung heraus besteht. Der Red-

ner muß sich dann überlegen, ob sein Aufstehen ihm nicht böswilligerweise als Versuch, sich über die anderen zu erheben und damit als überheblich im wahren Sinne des Wortes ausgelegt werden könnte.

Generell aber sollte der Redner sich zum Grundsatz machen, keine Hemmungen zu haben und die Position zu wählen, die ihm den besten Augenkontakt zu den Versammelten gewährt.

Wenn sich der Redner nun entschließt, *im Stehen* zu sprechen, so muß er wissen, daß er sich damit zunächst einen psychosomatischen Vorteil einhandelt: seine Haltung ist aufrecht, die Brust kann sich ausdehnen, die Lungen können ihr Volumen vergrößern und der Redner hat somit mehr Sauerstoff zur Verfügung für die Gehirnarbeit. Daß damit zusätzlich noch das Luftreservoir für die Darbietungsatmung — also für die Luft, mit der wir die Lautung gestalten — größer ist und dem Redner besseres Sprechen ermöglicht, ist selbstverständlich.

Die Absicht des Redners, durch das Aufstehen von allen Anwesenden gesehen und gehört zu werden und auch selbst alle sehen zu können — also den Augenkontakt herzustellen und seine eigene Beobachtung der Publikumsreaktionen optimal zu tätigen — läßt sich schon dadurch verwirklichen, daß er an seinem Platz vor seinem Stuhl steht. Wenn vor ihm ein Tisch ist, so wird er beim Aufstehen den Stuhl nach hinten rücken, damit ihn dieser nicht beim Stehen behindert. Er kann sich aber auch entschließen, hinter den Stuhl zu treten, indem er den Stuhl ein wenig vorschiebt — unter den Tisch. Diese Situation hat für manche den Vorteil, daß sie die Lehne des Stuhles anfassen können und etwas haben, woran sie sich halten können; auf diese Weise verlieren sie das unangenehme Gefühl, nicht zu wissen, wohin sie mit ihren Händen sollen, — ein Gefühl, das jeden Redner befällt, der frei im Raum stehend spricht.

Für den Diskussionsredner, der nicht — wie bei den meisten Konferenzen üblich — einen Tisch vor sich hat, sondern der

— beispielsweise in einer Versammlung — in einer Sitzreihe
seinen Platz hat, kann es angebracht sein, aus der Sitzreihe
heraus in den Mittelgang oder in einen Seitengang zu treten,
um besser die Zuhörer im Blick zu haben. Das ist selbstverständlich abhängig von der räumlichen Situation: wenn es sich
beispielsweise um einen mit 20 Stuhlreihen ausgestatteten
Raum handelt, in dem der Redner, der das Wort ergreifen
möchte, in der zweiten Reihe seinen Platz hat, dann wird es
in seinem ureigensten Interesse sein, aus seiner Reihe heraus-
zutreten und — vielleicht im Seitengang — eine Stelle einzuneh-
men, die es ihm ermöglicht, mit dem größten Teil des Publikums Augenkontakt zu haben. Ein Sprechen vom Sitzplatz aus
in Richtung des vorne sitzenden Leiters wäre rhetorischer
Selbstmord, weil die Zuhörer in den 18 hinter dem Redner be-
findlichen Reihen lediglich den Rücken des Redners zu sehen
bekommen und auch die akustische Verständlichkeit sehr be-
einträchtigt sein kann. Der Redner hat auch keine Beobach-
tungsmöglichkeit zum größten Teil seines Publikums und ist
daher entscheidend behindert, kybernetische Regelungen vor-
zunehmen.

*Von größerer Effektivität in dieser Hinsicht ist es auch,
wenn der Redner bei „einem dieser gefürchteten Hochzeits-
toasts" (so nennt sie Kurt Tucholski in seiner geistvollen
Satire „Ratschläge für einen schlechten Redner") statt von
seinem Platz aus zu sprechen, sich völlig unorthodox verhält und in die offene Mitte der in U-Form gestellten Tafel
tritt. Denn dies wird, bei einer so ungünstigen Tischstellung,
derjenige Platz sein, von dem aus er nicht nur die meisten
Gäste — bis auf die ihm den Rücken zuwendenden — in den
Blick bekommt, sondern auch frontal das zu ehrende Braut-
paar ansprechen kann.*

*Eine Episode mag darstellen, wie sehr manchmal ein redne-
rischer Mißerfolg von Kleinigkeiten abhängig ist: ein Firmen-*

chef hielt bei der Maifeier vor seinen 300 Mitarbeitern eine nette und humorvolle Ansprache, die er — zuvor eifriger Teilnehmer eines Rhetorik-Seminars — intensiv und gut vorbereitet hatte. Er wählte als Standplatz die Tanzfläche im vorderen Teil des Saales, in dem die gesamte Belegschaft an Tischen mit je 6 bis 10 Plätzen zum Essen versammelt war. Dies wäre an sich noch angängig gewesen, denn die meisten Zuhörer, die mit dem Rücken zum vorderen Teil des Saales saßen, rückten ihre Stühle zurecht und drehten sich um, um den Sprechenden sehen zu können. Da aber nun der Chef den Fehler beging, während seiner zehn Minuten dauernden Ansprache auf der Tanzfläche hin- und herzulaufen — es waren nur jeweils zwei bis drei Schritte nach links oder rechts — ergab sich, daß die weiter hinten im Saal sitzenden Zuhörer sich mühen mußten, bei jeder veränderten Position des Chefs sich neue Durchblicke zwischen den Köpfen der Vorderleute zu suchen. Bereits nach etwa drei Minuten gaben die meisten von ihnen diese Bemühung auf und blickten vor sich hin oder begannen gar, sich leise mit dem Nachbarn zu unterhalten. Eine rhetorische Panne für den Redner, die bei ein klein wenig Vor-Überlegung hätte von vornherein vermieden werden können. Und bei richtiger Beobachtung seiner rednerischen Wirkung hätte der Chef sogar noch während des Sprechens eine Regelung vornehmen und seinen Standplatz beibehalten können. Oder er hätte sogar mit ein paar humorvollen Worten mitten in seiner Ansprache sich auf die hinter seinem Rücken befindliche, etwa 1 m hohe Bühne schwingen können, um von dort seine Rede zu Ende zu führen.

Es wurde bereits erwähnt, daß — bei Vorhandensein eines Rednerpultes in größeren Veranstaltungen — es sich nur dann lohnt, an dieses zu treten, wenn der Diskussionsbeitrag nicht zu kurz ist. Wenn man aber an das Rednerpult tritt — sei dies zu einem vorgesehenen Vortrag oder zu einer kurzen Rede im Rahmen

einer Diskussion — so gilt das vorerwähnte Lutherwort „Tritt
fest auf!" Gemeint ist damit, daß der Redner, der nur zögernd
an sein Pult schreitet, einen unentschlossenen oder gehemmten
Eindruck erweckt oder gar so wirkt, wie wenn er zu einer Hin-
richtung gehen müsse, sich schon — ehe er den Mund aufmacht
— um ein gutes Stück Vertrauen seines Publikums bringt, das
er ja gerade erreichen möchte. Daher soll man — sofern sich die
Gelegenheit dazu bietet — sogar vorher im noch leeren Raum
diesen „Auftritt" auch einmal proben, um sicher zu sein, daß
man ihn, wenn es gilt, ohne Zögern oder Stolpern und mit auf-
rechter Haltung und entschlossenem Schritt bewerkstelligen
kann. Es lohnt sich sogar, die Stufen zum Podium — sofern das
Pult auf einem solchen steht — zu zählen, damit der Auftritt
als Redner nicht mit einem Stolpern oder Hinfallen eingeleitet
wird.

Zum *Hintreten* gehört auch das Herantreten an das Rednerpult
sowie die notwendigen technischen Handhabungen, die jedoch
— nach entsprechender Vorbereitung — auf ein Mindestmaß beschränkt werden sollen.

*Manche Redner machen eine Schau daraus, vor Erheben
ihrer Stimme am Pult ihre Manuskriptblätter zu ordnen,
aufzuschichten und zurechtzurücken, nach dem Schalter der
Leselampe zu suchen und deren Funktionieren zu erproben,
die Taschenuhr herauszuziehen und demonstrativ vor sich
auf das Pult zu legen, an das Mikrophon zu klopfen oder es
anzublasen, das Wasserglas um wenige Zentimeter nach der
Seite zu rücken, schließlich das Rednerpult mit beiden Händen entschlossen seitlich anzupacken und sich vernehmlich
zu räuspern. Was kann ein solcher bühnenreifer Auftritt
schon anderes bewirken als zumindest eine skeptische Einstellung beim Publikum, dem solche Schau auf die Nerven
gehen kann? Nein, alle diese Verrichtungen können notwendig werden, aber einige kann man schon vorab erledigen, die*

Die schwierigste Form des Sprechens ist es zweifellos, wenn der
Redner es vorzieht, ohne Tisch, Stuhl oder Rednerpult völlig
*frei im Raum stehend* zu sprechen. Nicht nur, daß der Sprechende keinerlei Möglichkeit hat, auch nur einen Stichwortzettel, geschweige denn eine umfangreichere Redeunterlage vor
sich hinzulegen, auch das Unmittelbare gegenüber dem Publikum gibt ihm unterbewußt das Gefühl, ohne eine „Sicherheits-
barriere" jeglichem Angriff ausgesetzt zu sein. Er hat — bildlich
gesprochen — keinerlei Schutzwall, hinter den er sich bei Gefahr oder bei Versagen zurückziehen und notfalls verstecken
kann. Daß eine solche Einstellung vom bewußten Denken her
natürlich unsinnig ist, ändert nichts an der Tatsache, daß viele
Redner mit diesem unangenehmen Gefühl zu kämpfen haben.

Hinzu kommt, daß die meisten Sprechenden nicht wissen, wo
sie mit ihren Händen hin sollen. Wenn man einen Tisch vor sich
hat — beispielsweise bei einer Konferenz — so kann man dort
seine Notizzettel liegen haben und hat doch wenigstens einen
Bezugspunkt. Auch kann man eine oder beide Hände auf den
Tisch stützen, sofern dieser nicht so niedrig oder der Redner
so hochgewachsen ist, daß eine nach vorn eingeknickte Körperhaltung entsteht, was auf jeden Fall zu vermeiden ist. Auch
wenn man einen Stuhl vor sich hat, ist dies noch ein Bezugspunkt zur Körperhaltung; während die Notizen ohne weiteres
auf dem davorstehenden Tisch liegen können, kann der Redner
mit einer oder beiden Händen die Rückenlehne des Stuhles ergreifen und hat so das Gefühl eines Haltes. Ein Rednerpult bietet viele Möglichkeiten der Haltung und des Haltes; man kann

es mit beiden Händen oder mit einer Hand — abwechselnd einmal links und dann rechts — an den Seitenkanten anfassen, man kann davon zurücktreten oder man kann auch einmal seitlich neben es treten.

Auch bei einem völlig freien Stand des Redenden in einem Raum — beispielsweise bei der Eröffnung einer Ausstellung im Foyer oder bei der Begrüßung einer Besuchergruppe zu einer Werkbesichtigung — kann ihm noch ein neben ihm stehender Lorbeerbaum oder ein Standmikrophon das Gefühl vermitteln, daß er nicht „allein und verlassen" vor dem Publikum steht. Dies ist übrigens mit ein Grund dafür, warum vielfach Schlagersänger ein Mikrophon mit Leitung in Händen haben, auch wenn der Zuschauer den Eindruck haben muß, diese nachzuziehende Leitung behindere doch die Beweglichkeit des Stars. Aber der Künstler hat hier auch wenigstens einen Bezugspunkt *und* er weiß, was er mit seinen Händen — zumindest mit einer — anfangen kann.

Denn wo soll der Redner mit den Händen hin, wenn er nun gar nichts zum Anfassen hat und es ihm auch zuwider ist, Arme und Hände zwanglos herunterhängen zu lassen? Ein Zusammenlegen der Hände vor dem Unterleib ergibt den Eindruck einer Grabrede, ein Verschränken der Arme vor der Brust könnte als verschlossene Abwehrhaltung ausgelegt werden. Nimmt der Redner die Hände auf den Rücken, so entsteht der Eindruck eines Schülers, der ein Gedicht aufsagen muß, steckt er die Hände oder nur eine in die Hosentaschen, so könnte ihm das zumindest von einem Teil des Publikums als Geste der Unhöflichkeit, der Flegelei oder zumindest der Mißachtung des Publikums ausgelegt werden.

Es bleibt in einer solchen Situation nur eine Lösung: der Redner nimmt seinen Stichwortzettel oder ein Programm der Veranstaltung oder gar ein beliebiges Papier in eine Hand und winkelt den betreffenden Arm an. So hat er nicht das unangenehme Gefühl, beide Arme herunterhängen zu haben; er kann außerdem von seinen Notizen — wenn er dies will — Gebrauch machen und er hat die andere Hand noch frei, um irgendwelche Gesten anbringen zu können.


### 5.2.1.2. Anrede und Einleitendes

Da der Mensch — wie schon mehrfach festgestellt — darauf angelegt ist, sich schnell ein Urteil zu bilden über einen neuen Eindruck, ist auch das Publikum, das einen Redner vor sich treten sieht, bestrebt, sich möglichst rasch eine Meinung zu verschaffen. Es wird also gerade die ersten Wesensäußerungen des Redners mit besonderer Aufmerksamkeit verfolgen und — sicherlich mitunter vorschnell — seine Schlüsse ziehen. Dem Redner muß daran gelegen sein, daß das über ihn entstehende Urteil positiv ist; um so leichter gewinnt er die positive Einstellung seiner Hörer und kann sie zu seinem Ziele führen.

Im Ablauf der Rededarbietung hatte das Publikum bislang nur einen optischen Eindruck. Und im letzten Abschnitt wurde dargelegt, wie sich der Redner bemühen muß, durch sein Verhalten vor dem Beginn des eigentlichen Sprechens eine positive Wirkung zu erreichen, zusammengefaßt in dem Lutherwort „Tritt fest auf!"

Nun, mit der Anrede, beginnt der erste akustische Eindruck, der zumindest für die nächsten Sekunden und Minuten entscheidend sein wird für die Meinungsbildung im Publikum. Der Redner muß sich daher — dies wurde bereits bei der Vorbereitung der Rede (Abschn. 3.3) erwähnt — sehr genau überlegen, wie er die Anrede formuliert und was er Einleitendes (im Gegensatz zur „Einleitung" als einem Teil der Gliederung) sagen will.

Die richtige Wahl der Anrede ist eine so schwierige Angelegenheit, daß man sie nicht immer allein bewältigen kann. Daher wird man schon bei der Vorbereitung darüber mit einem Kollegen, einem Freund oder guten Bekannten oder auch mit dem Veran-

stalter sprechen, um sicher zu sein, daß man nicht irgendeine
unpassende Form wählt, die die Zuhörer zumindest stört, wenn
nicht gar ärgert oder abstößt.

Die Anrede soll nicht nur Höflichkeitsformel sein, sondern kennzeichnet auch das Verhältnis zwischen dem Redner und seinem
Publikum. Darüber hinaus kann sie auch in den seltenen Fällen
einer Unruhe oder eines Durcheinanders als Signal gebraucht
werden, etwa in dem Sinne „alle mal herhören!"

Zunächst einmal ist die neutrale Anrede „Meine Herren" oder
— bei einem gemischten Kreis — „Meine Damen und Herren"
immer passend. Darüber hinaus gibt es eine Unmenge von Möglichkeiten, die von dem Kreis und dem Verhältnis zwischen dem
Redner und den Anwesenden abhängig sind, wie z.B. „Liebe Mitarbeiter — Meine Vereinsfreunde — Liebe Gäste — Verehrte
Kollegen — Meine sehr verehrten Anwesenden — Kameraden —
Kommilitonen — Genossen — Meine Hörerinnen und Hörer —
u.v.a.m. Der Redner muß hier eine genau überlegte Wahl treffen;
übertriebene Formulierungen wie etwa „Meine sehr verehrten,
lieben Freunde" können schwülstig wirken, während beispielsweise die Anrede eines als autoritär bekannten Chefs an seine
„lieben Kollegen" als plumpe Anbiederung empfunden werden könnte.

Die besondere Nennung einer Person sollte nur dann erfolgen,
wenn der Betreffende tatsächlich eine sehr hochgestellte Persönlichkeit oder ein Ehrengast ist. „Herr Minister, meine Damen und Herren" wäre eine angebrachte, dagegen kann „Herr
Vorsitzender, liebe Vereinsfreunde" eine unangebrachte Formulierung sein, weil der Vorsitzende auch nur ein zeitweilig
zum Vorsitzenden erhobener Vereinsfreund ist. In besonderen
Fällen — wenn dies dem Redner obliegt und nicht vom Ver-
anstaltungsleiter bereits vorgenommen wurde — kann auch die
Nennung mehrerer Ehrengäste erfolgen. Der Gefahr, hierbei
eine der Persönlichkeiten nicht in der richtigen Rangfolge zu

nennen oder gar zu vergessen, kann man mit der allgemeinen Formulierung „Verehrte Ehrengäste, meine Damen und Herren" begegnen und ist damit aller Sorgen ledig.

Bei der Heraushebung einer Person in der Anrede sollte der Redner nicht vergessen, den Kopf in die Richtung des Betreffenden zu richten und durch ein ganz leichtes Vorbeugen des Oberkörpers die Andeutung einer verbeugenden Begrüßung zu machen.

Vor dem eigentlichen Anfang des Vortrags, der Rede oder Ansprache, kann es erforderlich werden, daß der Redner aus bestimmten Gründen etwas *Einleitendes* sagen muß. Dies kann sowohl eine persönliche Bemerkung sein, die der Redende aber als solche kennzeichnen sollte, als auch eine Bemerkung, die sich auf besondere Umstände bezieht, die nicht das eigentliche Thema berühren. Diese einleitenden Worte haben nichts mit der in der Gliederung genau ausgearbeiteten Einleitung zu tun, von der beim Abschnitt der Vorbereitung der Rede (s. Abschn. 3.3) gesagt wurde, daß sie besonderer Sorgfalt bedürfe. Aber auch sie kann der Redner gegebenenfalls sehr genau vorbereiten, wenn sie etwa dazu dienen sollen, die Atmosphäre am Anfang etwas aufzulockern.

*Manche Redner, die in die Situation versetzt sind, ein und denselben Vortrag öfter vor verschiedenen Gremien zu halten (beispielsweise Politiker bei Wahlreden), handhaben es so, daß sie — nach entsprechender Vorinformation — ein paar Sätze voranstellen, um ihr besonderes Verhältnis zu diesem Personenkreis anzudeuten. So kann ein Redner, der ortsfremd ist, zum Beispiel sagen „Als ich das letzte Mal in Ihrer Stadt war, . . ." und fügt dann einen persönlichen Eindruck oder ein Erlebnis an, das vielleicht sogar ein wenig humorvoll ist. Der Redner wird auf diese Weise einen persönlichen Bezug zu seinem Hörerkreis deutlich machen; für die führungspsychologische Regel, Vertrauen zur Person zu*

*schaffen, von besonderer Wichtigkeit. Dabei kann durchaus
in angemessener Form auch der Humor verwendet werden.*

### 5.2.2. Ablauf im Regelkreis

Diese Überschrift deutet bereits an, daß viele der Redetechniken während des Ablaufs der Rede nicht geplant oder programmiert werden können, sondern sich aus der akuten Situation
ergeben; hier muß der Redner ein Regelkreisverhalten an den
Tag legen und sich oft sehr schnell zu bestimmten Verhaltensweisen entscheiden. Im folgenden sind die wichtigsten Redetechniken, die man teilweise auch als Stilmittel bezeichnet,
abgehandelt, wobei eine Ordnung hinsichtlich des zeitlichen
Ablaufs verständlicherweise nicht gegeben sein kann. Denn sie
können an jeder Stelle und zu jedem Zeitpunkt angewandt –
oder vermieden – werden; Patentrezepte hierzu lassen sich
nicht erstellen. Sie werden zum größten Teil durch den Redner selbst bestimmt, der durch Beobachtung der Situation und
des Publikumverhaltens mit ihnen laufend Regelungen vornimmt
und sich auftretenden Gegebenheiten anpassen muß.

Unabhängig von dem bei den Vorübungen intensiv – mit Tonbandkontrolle – erprobten Einsatz der *stimmlichen Mittel*
wird der Redner sich vielfach gezwungen sehen, aufgrund gegebener Situationen diesen Einsatz anders zu praktizieren als
geplant. Dies kann schon beim Wortergreifen der Fall sein, wenn
bei einer Party das allgemeine Durcheinanderreden so laut ist,
daß auch ein sehr laut gesprochenes ,,Meine Damen und Herren!'' ihm kein Gehör verschafft. Man wird dann zu dem etwas
verpönten Mittel des Klatschens mit den Händen greifen müssen
in der Hoffnung, daß zunächst die in der Nähe Stehenden das
Gespräch einstellen und sich diese Welle, allenfalls unterstützt
durch verschiedene ,,Psssst!'', auf die anderen Anwesenden
überträgt. Dieser Sonderfall des Verwendens anderer als der
stimmlichen Mittel wird auch dann eintreten, wenn in einer

Versammlung eine besonders große Unruhe oder gar ein Tumult
entsteht. Dann muß der Leiter oder — wenn kein solcher vorhanden ist — der Redner mit einem Gegenstand, einer Glocke
oder einem Hammer versuchen, sich Gehör zu verschaffen und
die Ruhe wieder herzustellen.

Von solchen Ausnahmefällen abgesehen, in die vermutlich der
Ingenieur als Redner selten kommen wird, kann es doch häufi-
ger vorkommen, daß der Vortragende durch *Modulation* der
Stimme sich entstehenden Situationen anpaßt.

*Hier erinnert man sich insbesondere des häufig von Rednern
gemachten Fehlers, daß sie bei Geräuschstörungen von außen
— etwa Flugzeuglärm oder Motorengeräusch vorbeifahrender
Lastkraftwagen — unbekümmert in der gleichen Lautstärke
wie zuvor weitersprechen und gar nicht daran denken, daß
einige Worte oder gar ganze Sätze ihrer Ausführungen von
den Zuhörern rein akustisch nicht aufgenommen werden
können. In solchen Fällen ist es auf jeden Fall angebracht,
sich zu unterbrechen und einen Augenblick zu warten, bis
die Störung vorbei ist; ist das Geräusch nicht allzulaut, so
wird es auch genügen, die Stimme ein wenig zu heben und
mit größerer Lautstärke zu sprechen.*

*Diese Beobachtung der eigenen Verständlichkeit sollte sogar
so weit gehen, daß der Redner — wenn er den Eindruck gewinnt, ein bestimmtes wichtiges Wort sei durch ein kurzes
Geräusch, ein Husten oder Füßescharren, nicht von allen
verstanden worden — dieses einfach wiederholt, um sicher
zu sein, daß alle Anwesenden das für den Inhalt des Gesagten
Wichtige mitbekommen haben.*

Aus diesen Beispielen ist ersichtlich, wie wichtig die Beobachtung und eine entsprechende kybernetische Regelung für den
Erfolg des Vortragenden ist und wie er sie ständig handhaben
muß. Ein Zuhörer, der ein für den Zusammenhang der Ausführungen bedeutsames Wort nicht mitbekommt, ist vielleicht

für eine Zeitlang am Verstehen gehindert, muß sich anstrengen, ärgert sich und schaltet notfalls ab.

Schuld an diesem Mißerfolg der rednerischen Wirkung ist nicht der Zuhörer, dem man geneigt wäre, Mangel an Aufmerksamkeit oder Konzentration vorzuwerfen, sondern einzig und allein der Redner, der seine Verständlichkeit nicht ständig kontrolliert hat.

Der Redner kann auch — falls er durch Beobachtung den Eindruck gewinnt, daß ein Satz oder Satzteil nicht richtig vom Publikum aufgenommen wurde, diesen einfach — vielleicht etwas langsamer und mit ein wenig erhobener Stimme — wiederholen. Dies sollte er auch tun, wenn die Aufmerksamkeit vielleicht eines Teiles der Zuhörerschaft durch eine Störung — etwa eines Zuspätkommenden — abgelenkt war. Notfalls kann er diese Wiederholung sogar besonders hervorheben, indem er sie mit den Worten „Ich wiederhole . . ." oder „Ich betone dies noch einmal . . ." oder ähnlichen Formulierungen einleitet, um sicher zu sein, daß er nun die allgemeine Aufmerksamkeit gewinnt.

Manche Vortragenden haben stimmliche Anlaufschwierigkeiten; sie müssen sich — wie man sagt — erst einmal *freischwimmen*. Diese Anfangshemmungen sind meist psychosomatisch bedingt dadurch, daß der Redner zunächst noch nicht die richtige innere Einstellung zu seiner eigenen Rededarbietung und zu seinem Publikum gewonnen hat. Dadurch werden auch Stimme und Sprechweise am Anfang etwas zu leise sein und zögernd und gehemmt wirken. Wer als Redner um diese seine Schwäche weiß und sie schon mehrfach an sich erlebt hat, kann sich ein wenig damit helfen, daß er bewußt am Anfang seiner Ausführungen besonders langsam und betont spricht, auch vielleicht ein wenig lauter und in etwas höherer Tonlage beginnt, als dies normalerweise erforderlich wäre. Die psychosomatische Wirkung dieser „Selbstaufrichtung" führt dazu, daß der Redner

rascher an innerer Sicherheit gewinnt und sich seine Einstellung
zur Sache und zum Publikum festigt. Er wird sich dann schneller freigeschwommen haben und zum Erfolg kommen.

Auch bei der *Gebärdensprache,* die bereits ausführlich bei den
Vorübungen mit Spiegelkontrolle (s. Abschn. 4.2.2) behandelt
wurde, kann es vorkommen, daß der Redner nicht seiner Planung gemäß verfahren kann und ad hoc Entscheidungen treffen muß. Auch hier gilt das Wort Shakespeares „Paßt die Gebärde dem Wort, das Wort der Gebärde an, wobei Ihr sonder-
lich darauf achten müßt, niemals die Bescheidenheit der Natur
zu überschreiten" (Hamlet). Damit ist eigentlich schon alles
über spontane Gebärden gesagt, die nicht vorher eingeübt sind,
sondern sich aus akuten Situationen ergeben.

*Beispielsweise kann ein Kopfschütteln des Redners bei einer
Zwischenfrage die Äußerung unterstreichen, daß er diesen
Punkt im Augenblick nicht erörtern will; der Hinweis, daß
die Frage später behandelt werde, kann noch durch eine
entsprechend wegschiebende Handbewegung verdeutlicht
werden. Wenn der Vorschlag eines Teilnehmers über den
weiteren Modus des Vorgehens die Zustimmung des Redners
— etwa in der Formulierung „das wäre ernsthaft zu überlegen" — findet, so kann diese Äußerung durch zustimmendes
Nicken und eine auffordernde Handbewegung an die anderen
Teilnehmer optisch unterstützt werden. Und der Redner, der
bei einer Störung seines Vortrags — gleich welcher Art — bedauernd die Schultern hebt oder eine hilfesuchende Geste
macht, braucht gar nicht mehr verbal auszudrücken, wie unangenehm ihm und wohl auch seinem Publikum diese unver-
meidbare Störung ist.*

Auf eine besondere Geste sei noch hingewiesen, die sich durch
häufige Verwendung zur Unart auswirken kann: der drohend
erhobene Zeigefinger und das Deuten mit dem Zeigefinger auf
die Zuhörer. Der Vortragende will damit Punkte besonderer

Bedeutung unterstreichen oder eine besondere Eindringlichkeit
des Gesagten demonstrieren. Aber gerade wenn diese Geste allzu
häufig angewandt wird — und viele Redner haben nun einmal
sich dies angewöhnt — kann sie drohend schulmeisterlich und
damit auf die Zuhörer zumindest lästig, wenn nicht gar abstos-
send wirken.

Schauspieler lernen als einen der ersten Grundsätze bühnenge-
rechten Verhaltens, daß sie möglichst ihrem Publikum nicht den
Rücken zudrehen sollen. Dies gilt auch für den Redner insbesondere bei *Demonstrationen.* Der Vortragende, der etwas an
die Tafel oder auf die Flip-Chart schreibt, sollte nur so kurz wie
notwendig den Zuhörern den Rücken zuwenden, falls er nicht
gelernt und geübt hat, etwas anzuschreiben und dabei trotzdem
die Front seines Körpers — von kurzen Blicken zur schreibenden Hand abgesehen — dem Publikum zugewandt zu lassen.
Dies ist nicht ganz einfach, läßt sich aber üben und wird sicherlich einen besseren Eindruck machen, als wenn der Redner sich
für die ganze Schreibzeit der Tafel zuwendet. Zumindest sollte
er es so handhaben, daß er nicht während des Schreibens zur
Tafel zugewandt spricht und etwas erklärt, sondern stets das
Schreiben zu notwendigen Erklärungen kurz unterbricht und
sich dem Publikum zuwendet. Dies ist auch für besseres aku-
stisches Verstehen erforderlich.

Beim Zeigen oder Erläutern an vorbereiteten Tafeln, Bildern,
Plänen, Diagrammen oder Statistiken sollte der Vortragende
grundsätzlich einen Zeigestab benutzen. Diese Verlängerung
des Armes ermöglicht es ihm leichter, mit Front zum Publikum
gewendet zu sprechen und gleichzeitig etwas zu demonstrieren.
Auch wenn der Redende gezwungen sein sollte, abwechselnd auf
verschiedenen Demonstrationsflächen — gegebenenfalls einmal
links und einmal rechts vom Rednerpult — etwas zu zeigen,
sollte er mit dem geringsten Aufwand an Hin- und Herlaufen und
eventuellem Wechseln des Zeigearms dies vornehmen, stets mit
dem Bestreben, seinen Hörern so wenig wie möglich den Rücken
zuzuwenden. Beim Gebrauch eines Overhead-Projektors dagegen

muß sich der Vortragende nicht umdrehen, sondern kann mit
einem Stift auf der erleuchteten Fläche zeigen. Dies ist ein besonderer Vorteil.

Hier geht es nun schon um eigentliches *Blickverhalten* des Redners, das mit der Beobachtung zur kybernetischen Regelung von
ausschlaggebender Bedeutung für den Vortragenden ist. Wenn
mehrfach bei den Abschnitten der Vorbereitung (s. Abschn.
3.5 und 4.2) darauf hingewiesen wurde, daß es für den Redner
nur zwei Blickrichtungen gibt — auf seine Redeunterlage und
in sein Publikum — dann waren für die letztgenannte zwei
Gründe ausschlaggebend: der Aufbau eines Vertrauen bildenden
Augenkontaktes sowie die Beobachtung des Publikums, seiner
Reaktionen und der übrigen Vorgänge im Vortragsraum. Letzteres ist von lebenswichtiger Bedeutung für den rednerischen Erfolg, denn der Vortragende, der über die Köpfe seines Publikums hinwegredet, zur Decke gewandt oder zum Fenster hinaus
spricht oder seine Augen nicht von seinem Manuskript erhebt,
spricht unangepaßt und kann sich nicht auf den Mitspieler,
sein Publikum, einstellen. Kurt Tucholski sagt in seinen bereits
erwähnten „Ratschlägen für einen schlechten Redner" an einer
Stelle: „Du brauchst auch nach fünfzehn Jahren öffentlicher
Rednerei noch nicht zu wissen, daß eine Rede nicht nur ein
Dialog, sondern ein Orchesterstück ist; eine stumme Masse
spielt nämlich ununterbrochen mit."

Dieses Bemühen des Redners, seine Zuhörer im Auge zu haben,
um über den aufzubauenden Augenkontakt hinaus alle Vorgänge
registrieren und sein Verhalten regeln zu können, bedingt auch
die Forderung nach dem *Schweifen* des Blickes. Es wurde bereits erwähnt, daß die meisten Redner einen „Drall" haben,
d.h. sie haben eine nicht auf die Mitte ihres Publikums zentrier-
te Sprechrichtung. Dies hat zur Folge, daß ein Teil der Zuhörer
sich die meiste Zeit über angeblickt und damit angesprochen
fühlt, während andere den Eindruck gewinnen, der Vortragende
beachte sie überhaupt nicht und wende sich mit seinen Ausführungen ständig an andere.

Daß dies unterbewußt Negativ-Reaktionen bei den Betroffenen
auslösen muß, ist ebenso selbstverständlich wie die Tatsache,
daß der Redner sich um einen wesentlichen Teil seiner Publi-
kumsbeobachtung und seiner Anpassungsmöglichkeiten bringt,
wenn er ganze Gruppen seiner Zuhörer nicht im Blick und damit nicht im Griff hat. Der Redner sollte sich daher bewußt
dazu zwingen, möglichst gleichmäßig nach allen Seiten ins
Publikum zu sehen, damit er keine Reaktionen übersieht. Er-
fahrenen und geübten Rednern sagt man vielfach nach, daß
ihnen nichts entgehe und sie alles bemerken, was im Publikum
vor sich geht.

Im Zusammenhang mit dem Blickverhalten sei noch auf eine
kleine Hilfe aufmerksam gemacht, die vor allem dem ungeübten,
gehemmten oder ängstlichen Redner ein gutes Mittel zur Über-
windung der anfänglichen Redeangst sein kann. Denn fast jeder
Vortragende hat zunächst einmal — unbewußt natürlich — von
seinem Publikum die Vorstellung einer feindlich gesonnenen
Masse, die ihn anfänglich ablehnt und deren Gunst er sich erst
mühsam erarbeiten muß. Hier kann der sogenannte *Onkel Karle*
helfen.

*Der „Onkel Karle" ist eine — angeblich schwäbische — Erfin-
dung, mit der es folgende Bewandtnis hat. In jedem Publikum
wird der Vortragende nach absehbarer Zeit seines Sprechens
irgendeinen Menschen bemerken können, der seinen Ausführungen gespannt, womöglich mit offenem Munde, lauscht
und ab und zu zustimmend nickt. Das ist für den Redner nun
der Onkel Karle. Er wird ihn immer wieder einmal von Zeit
zu Zeit ansehen und sich unbewußt die Bestätigung holen,
daß unter diesem ach so feindlichen Publikum wenigstens
einer ist, der ihm das, was er zu sagen hat, abnimmt und
ihm überzeugt zuhört. Ein solcher Onkel Karle kann für das
Selbstwertgefühl des Redners und seine zunehmende Sicherheit von eminenter Bedeutung sein; er darf nur nicht auf*

*den Fehler verfallen, den Onkel Karle nun dauernd anzuse-
hen und anzusprechen. Denn sonst würde das dem Rest der
Zuhörer auffallen und man würde fragen, was der Redner
denn ausgerechnet mit diesem Menschen habe, an den er
sich ständig richte.*

Auch erfahrene Redner bestätigen die Wirksamkeit dieses kleinen Tricks und behaupten vielfach, daß auch sie — obwohl alt-
erprobte Rhetoriker — stets anfänglich ein Unsicherheitsgefühl
wie Lampenfieber hätten, das sich erst dann legt, wenn sie den
ersten in ihren Publikum entdeckt haben, der ein Zeichen der
Zustimmung an irgendeiner Stelle von sich gibt.

Das Blickverhalten des Redners steht selbstverständlich in
engem Zusammenhang mit seinem Redeplatz und seiner Rede-
haltung; es wird jeweils anders sein — je nachdem, wie sich
der Redende Standort und Haltung wählt. Wichtig ist jedoch
vor allem der *Umgang mit dem Pult,* das wohl in den meisten
Fällen für einen Vortrag, ein Referat oder eine Ansprache zur
Verfügung stehen wird. Redner, die öfters an fremden Orten
Vorträge halten, tun gut daran, zumindest ein zusammenklapp-
bares Tischpult ständig mit sich zu führen, um gegen alle Schwierigkeiten mit fremden Pulten abgesichert zu sein. Denn es gibt
unterschiedliche Größen und Bauarten, unterschiedliche Höhen-,
Breiten- und Abschrägungsmaße, die manchmal den Redner im
Umgang mit seiner Redeunterlage mehr behindern als sie dienlich
sind. Wenn der Redner keine Gelegenheit hat, sich vorher bei
der Information über äußere Gegebenheiten (s. Abschn. 4.3)
mit dem Pult zu befassen, kann er böse Überraschungen erleben,
wenn er sich etwa auf die Auskunft des Veranstalters verläßt,
es sei ,,selbstverständlich'' ein Pult vorhanden.

Entscheidend für den Vortragenden, der hinter dem Pult ste-
hend sprechen will, ist vor allem die Höhe und die Schräge der
Auflagefläche für die Redeunterlage. Denn insbesondere bei der
Anwendung der Technik des Lesens mit schweifendem Blick

(s. Abschn. 3.3.2) kommt es auf den schnellen und unauffälligen Wechsel der Blickrichtung — vom Manuskript ins Publikum und umgekehrt — ganz entscheidend an, soll die angestrebte Wirkung erzielt werden. Es sei nochmals an das bei den Vorübungen Gesagte erinnert: Das Hauptziel bei dieser Technik war, beim Publikum den Eindruck zu erwecken, man habe zwar eine schriftliche Unterlage, aber man klebe nicht am Blatt und beherrsche seinen Stoff so gut, daß man sich leisten kann, viel Augenkontakt mit dem Publikum zu halten. Ein Hörerkreis, zu dem diese Vertrauensbrücke aufgebaut ist, wird dann auch dem Redner keineswegs verübeln, wenn er ab und zu auf sein Manuskript blickt.

In Bild 6 sind schematisch die Vor- und Nachteile von Pulthöhen aufgezeigt. Die Situation A ist schlechthin unmöglich, denn das Publikum — vornehmlich die in den ersten Reihen Sitzenden — sehen vom Redner notfalls Stirn und Augen; jegliche Wirkung der mimischen Mittel sowie der Gestik und Haltung ist unterbunden. Bei der Situation B ist das Rednerpult zu niedrig; der Redner muß, um sein Manuskript zu erfassen, den Kopf nach vorne beugen, um ihn dann wieder zu heben, wenn er sein Publikum in den Blick bekommen will. Diese Position hat außerdem den Nachteil, daß das Kinn beim Ablesen auf den Kehlkopf drücken und damit die Sprechweise erheblich behindern kann. Die Situationen C und D dagegen bewirken, daß zwischen der Blickrichtung des Redners zum Manuskript und der Richtung in die Mitte des Hörerkreises — um einmal einen meßbaren Anhalt zu bekommen — nur ein relativ spitzer Winkel entsteht. So kann notfalls der Blickwechsel nur durch Bewegen der Pupillen vorgenommen werden, während der Kopf immer zum Publikum gerichtet bleibt. Auf diese Weise können zumindest ferner sitzende Zuhörer den Eindruck gewinnen, der Vortragende blicke überhaupt nicht herunter auf sein Manuskript.

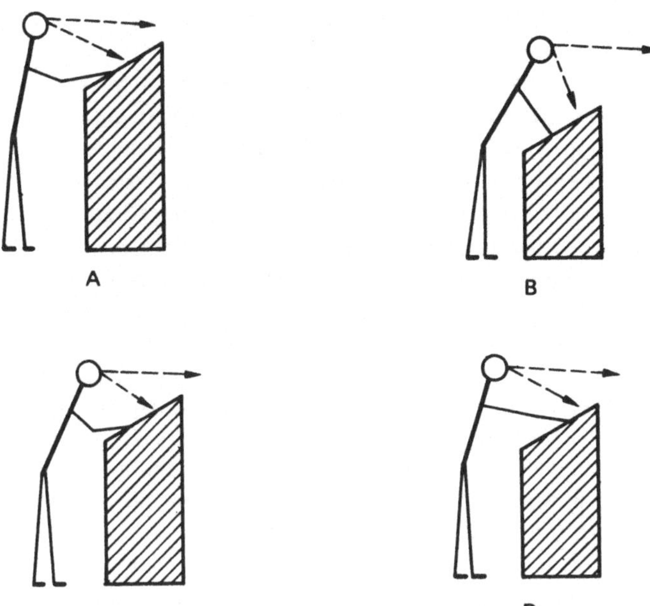



Bild 6. Rednerpulte.

Bei D ist angedeutet, wie der Redner verfahren kann, wenn ein
Pult um ein Geringes zu niedrig ist: er kann dann ein wenig
vom Pult zurücktreten und wird dadurch einen etwas spitzeren
Winkel zwischen den beiden Blickrichtungen erzielen.

Vortragende, die mit den Augen Schwierigkeiten haben, sollten sich den Umgang mit der *Brille* zuvor sehr genau überlegen.
Bei Kurzsichtigen ist es unglücklich, wenn sie jedesmal beim
Blick auf die Redeunterlage ihre Brille abnehmen, um sie dann
wieder aufzusetzen, sobald sie den Blick ins Publikum richten.
Und genauso stört es, wenn der Fernsichtige bei jedem Herunterblicken auf die Redeunterlage die Brille aufsetzen muß, um sie

dann beim Hochblicken wieder abzunehmen. In beiden Fällen
wird der erstrebte Effekt beim Publikum, der Vortragende sei
weitgehend unabhängig vom Manuskript, gerade nicht erreicht,
sondern es wird durch eine Geste deutlich gemacht, wie sehr er
darauf angewiesen ist. Kurzsichtigen sei daher empfohlen, ihre
Brille überhaupt wegzulassen, auch wenn sie die Gesichter in
ihrem Publikum nicht mehr so deutlich erkennen können. Weit-
sichtige dagegen sollten ihre Lesebrille aufbehalten, auch auf
die Gefahr hin, daß sie hinsichtlich der Beobachtung ihrer Zuhörer etwas behindert sind. Ist der Unterschied zwischen beiden Augenfunktionen sehr groß — also eine sehr starke Kurz-
sichtigkeit bzw. Weitsichtigkeit im Verhältnis zum normalen
Sehvermögen der anderen Distanz, so sollte sich der Redner
eine Brille mit Doppelschliff zulegen, die ihm das lästige Auf-
und Abnehmen erspart. Für Menschen, die sowohl in der Nähe
als auch in der Ferne eine Brillenhilfe benötigen, gibt es ebenfalls Doppelschliff-Brillen, bei denen der Übergang sogar einge-
schliffen sein kann und dadurch nicht mehr als Querstrich
stört. Redner, die Schwierigkeiten mit den Augen haben und
öfters Vorträge halten müssen, sollten sich unbedingt die entsprechende Augenoptik anschaffen.

Auch der Nicht-Brillenträger kann in Schwierigkeiten geraten,
wenn er statt eines Pultes vor sich einen Tisch hat, auf den er
seine Redeunterlage legt. Er sollte darauf achten, daß er keines-
falls zu nahe *am Tisch* steht, da hierdurch ein ähnlicher Effekt
entsteht wie bei einem zu niedrigen Rednerpult: ein demonstratives Heben und Senken des Kopfes beim Wechsel der Blickrichtung. Und die Sprechbehinderung durch den Druck des
Kinns auf den Kehlkopf beim Herunterblicken wird noch stärker sein, weil der Blick ja fast senkrecht nach unten gerichtet
werden muß. Daher wird es in den meisten Fällen — je nach
Fertigkeit des Redners — günstiger sein, das Manuskript auch
beim Stehen am Tisch in die Hand zu nehmen und es so auf
halbem Wege den Augen zu nähern; auch kann durch ein gerin-

ges Vorhalten der vorerwähnte Winkel noch spitzer gemacht
werden. In einem solchen Falle dient der Tisch eigentlich nur
noch als Ablage erledigter Manuskriptblätter sowie als ein imagi-
närer Schutzwall für den Redner, den er unbewußt spürt, obwohl er sich in seiner Haltung verhält wie ein frei im Raume
Sprechender.

Außer all dieser Planung, Steuerung und Regelung gibt es noch
ein unbewußtes Blickverhalten, das dann einsetzt, wenn der
Redner gestört wird oder steckenbleibt. Das *Steckenbleiben* ist
sowieso der Alptraum der meisten Redner; in schlaflosen Näch-
ten vor dem Vortrag sieht man sich immer wieder vor einem
schadenfroh grinsenden Publikum stehend, unfähig, noch einen
weiteren Gedanken zu fassen oder gar noch ein Wort herauszu-
bringen. Man möchte vor dieser Blamage in die Erde versinken,
aber auch das ist nicht möglich. — Die meisten weniger geübten
Redner machen sich nicht bewußt, daß sie mit einer solchen
,,Erwartungshaltung'' sich selbst geradezu in eine Fehlleistung
hineinmanipulieren. Denn die meisten Fälle von Steckenbleiben
— dies wird jeder erfahrene Redner bestätigen können — entstehen nicht durch ein plötzliches Nicht-mehr-weiter-wissen, sondern dadurch, daß der Redner bei irgendeiner kleinen gedanklichen Stockung sich aus der unterbewußten Angst vor dem
Steckenbleiben auch noch einen Verstärker gibt, indem er sich
sagt ,,Nun ist es passiert (das Langbefürchtete), jetzt bist du
(endlich) steckengeblieben!'' — Der Redner sollte sich immer
wieder bewußt machen, wie entscheidend die innere Einstellung
(s. Abschn. 5.1.1) in Verbindung mit der intensiven Vorbereitung dazu beitragen kann, daß solche psychischen Streß-Situa-
tionen gar nicht erst aufkommen.

Der ungeübte Redeschüler wird auf diesen wohlgemeinten Ratschlag jedoch nur den Kopf schütteln und fragen, was denn zu
tun sei, wenn man trotz allem steckenbleibe. Für einen solchen
Fall des sogenannten ,,black-out'' — also des totalen Aussetzens,

das übrigens erfahrungsgemäß äußerst selten vorkommt, gibt es
eine große Anzahl von rednerischen Verhaltensweisen, von
denen einige hier einmal angeführt seien:

*— der Redner kann zunächst so tun, als ob er bewußt eine
Pause einschalte, indem er im Reden innehält und frei und
offen — ohne Zeichen der Verlegenheit oder Nervosität —
in der Runde umherblickt;*

*— der Redner kann gleichermaßen so tun, als ob hier ein
gewisser Einschnitt (Zäsur) in seinem Vortrag sei und in
völliger Ruhe seine Manuskriptblätter ordnen, zusammenschichten, aufstoßen oder zurechtlegen, zwischendurch auf-
blickend;*

*— der Redner kann durch eine Wiederholung des zuletzt Ge-
sagten versuchen, dabei den Anschluß selbst wieder zu finden; die Wiederholung kann sich auch wie ein rhetorischer
Verstärker anhören, indem der Redner mit den Schlußwor-
ten des letzten Satzes den neuen Satz beginnt und dann ihn
mit einer Übergangsformulierung wie beispielsweise „wie
ich soeben betonte" oder „gewissermaßen" oder „im Hinblick auf" u.v.a.m. fortführt;*

*— der Redner kann durch eine allgemeine und eigentlich
nichtssagende Formulierung versuchen, während er diese
langsam spricht, den gedanklichen Anschluß wieder zu gewinnen; solche rednerischen Lückenbüßer gibt es unzählige,
sie reichen von „und nun müssen wir uns selbstverständlich
auch darüber klar werden, daß . . ." bis hin zu „in diesem
Sinne ist es eigentlich für jeden schon eine Selbstverständlichkeit, daß . . .";*

*— der Redner kann — falls dies vom Inhaltlichen und vom
Ablauf her passend erscheint — eine Frage einflechten, etwa
„Sind Sie mit dem bisher Dargelegten so einverstanden oder
bestehen noch Unklarheiten? " Erfolgt dann keine Frage aus
dem Zuhörerkreis , dann hat sich doch eine gewisse Warte-*

*zeit ergeben, die der Redner nutzen konnte, — wird jedoch
eine Frage gestellt, so kann man diese vielleicht relativ
schnell abhandeln oder gar auf einen späteren Zeitpunkt zurückstellen — auf jeden Fall hat man aber Zeit gewonnen,
um den gedanklichen Anschluß wiederzufinden;*

*— schließlich kann der Redner auch ganz schlicht und mit
einem unbefangenen Lächeln erklären „nun habe ich doch
den Faden verloren" und eventuell, wenn er sich des Wohl-
wollens seiner Hörer sicher ist, sogar fragen „wer hilft mir
weiter — wo waren wir gerade noch stehengeblieben?"*

In allen Fällen gilt für eine solche Situation nur eines: die Ruhe
zu bewahren und sich nicht selbst in eine Panikstimmung hinein-
zusteigern. Dabei wird ein ruhiges und tiefes Durchatmen genauso seine beruhigendeWirkung nicht verfehlen wie die absichtlich
ruhige und überlegen-sichere, gegebenenfalls von einem Lächeln
begleitete äußere Haltung, die dem Redner Hilfe ist zur Über-
windung der schwierigen Situation.

Daß die soeben erwähnte *Pause* ein äußerst wirkungsvolles rhetorisches Mittel ist, machen sich bedauerlicherweise sehr viele Redner nicht bewußt. Die meisten Redner leben unter der Zwangs-
vorstellung, sie müßten möglichst „pausenlos" sprechen, um nur
nicht den Eindruck zu erwecken, sie seien steckengeblieben und
wüßten nicht mehr weiter. Dabei sollte gerade die Pause vom
Redner intensiv als rhetorisches Mittel gebraucht werden.

Man unterscheidet zwischen Atem-, Denk- und Sprechpausen,
die durchaus zeitlich miteinander identisch sein oder sich zumindest überlagern können. Daneben kann der Redner jedoch
bewußt Pausen einschalten, um bestimmte rhetorische Wirkungen zu erzielen; diese können sein:

* am Ende eines Satzes oder einer Beweisführung oder Feststellung, um die Bedeutung des soeben Gesagten zu unter-

streichen und es in den Hörern nachwirken zu lassen (Beispiel: . . . womit die Frage nunmehr endgültig geklärt ist!
− − −);

● vor einer bedeutsamen Aussage, die man ankündigt mit
einem − gewissermaßen durch die Pause hörbar gemachten
− Doppelpunkt (Beispiel: . . . sei hiermit folgendes festgestellt: − − −);

● als überraschende Unterbrechung des Redeflusses, wenn
der Redner den Eindruck hat, daß das Publikum nicht mehr
voll aufmerksam ist; hier wird die unmotivierte Pause manchen Unaufmerksamen aufhorchen lassen und ihn zu erneu-
ter Konzentration veranlassen;

● als bewußte Unterbrechung bei irgendwelchen Störungen;
diese Pause kann durchaus die Mißbilligung des Redners über
die Störung oder die Störenden ausdrücken (Beispiel: bei
Zuspätkommenden oder bei Privatgesprächen zwischen einzelnen Zuhörern);

● zum Verdeutlichen einer Zäsur im gedanklichen Ablauf
oder in der Gliederung (Beispiel: . . . soviel zur Einleitung!
− − −);

● nach einer rhetorischen Frage, d.h. einer Frage, die keine
Antwort verbal erheischt, weil jeder Anwesende sich selbst
in Gedanken diese Antwort geben kann (Beispiel: Hat nicht
jeder von uns schon einmal vor diesem Problem gestanden?
− − −);

● mit dem plötzlichen Abbruch eines Satzes, um jeden Hörer
zu zwingen, diesen Gedanken selbst − im Sinne des vom Redner Gemeinten − zu vollenden (Beispiel: . . . brauche ich
nicht weiter darzulegen, welches Ende − − −!) Hier kann
sich jeder eine eigene Ergänzung zu dem mit erhobener
Stimme abgebrochenen Satz denken, beispielsweise „bevor-

steht" oder „uns erwartet" oder „noch auf uns zukommen
wird" o.ä.

Daß die Pause als besonderes Stilmittel nicht allzuhäufig eingeblendet werden soll, bedarf keiner besonderen Erwähnung.

Den Fehler, die Häufigkeit der Anwendung zu überziehen und
damit Abwehrreaktionen beim Hörer hervorzurufen, machen
viele Redner. Sie verstoßen damit gegen die dritte Voraussetzung der psychologischen Grundgesetzlichkeiten, die in Abschn. 2.2 behandelt wurden. Hierzu gehört auch der Gebrauch
der *rhetorischen Wiederholung*, für den bereits in Abschn.
4.2.1.3 ein Beispiel angeführt wurde. Der Redner muß sich dieses Stilmittels bedienen, um eine nachhaltige Wirkung auf das
Gedächtnis seiner Hörer zu erzielen und um seinen Vortrag als
„Rede" — und nicht als „Schreibe" zu gestalten. Wenn er jedoch die Häufigkeit überzieht, dann wird vielen Zuhörern die
offensichtliche Routine als Phrasenhaftigkeit unangenehm sein
und sie stören. Das Gesagte wirkt dann nicht mehr echt, sondern mit rednerischen Mätzchen aufgezäumt. Rednerische
Mätzchen oder Tricks kann man durchaus hier und da einmal
anwenden; ein Zuviel davon jedoch macht das Publikum darauf
aufmerksam, und die Glaubwürdigkeit oder Ernsthaftigkeit des
Redners ist in Frage gestellt.

Dies gilt ebenso für die Anwendung *rednerischer Floskeln,* die
— wenn zu häufig angewandt — den Vortragenden in Gefahr
bringen, als Schwätzer zu erscheinen. Solche rednerischen Floskeln sind Formulierungen, die an sich wenig aussagen und oft
nur als Überbrückung dienen. Das Wort Floskel (vom lat.: Blümchen) sagt dies schon aus: es ist eine nicht unbedingt notwendige
Verzierung. Aber wie eine Verzierung auch bei einem Sachvortrag durchaus hier und da einmal zur notwendigen Auflockerung
dienen kann, so wird übertriebenes Verschnörkeln oder Überhäufung durch Zierrat unangenehm wirken und ist daher zu
vermeiden. Jeder kennt solche Redewendungen; einige seien
hier einmal angeführt:

*Ich möchte also nun fortfahren, indem ich Ihnen darlege
— — —. Nachdem wir uns über das . . . (Vorhergesagte) klar
geworden sind, müssen wir uns nunmehr Gedanken machen
über — — —. In jedem Falle liegen die Dinge doch so, daß
— — —. Es geht nunmehr einfach um die Frage — — —. Immer wieder müssen wir uns deshalb klarmachen — — —. Es
ist doch ganz selbstverständlich — — —. Lassen Sie mich daher also nunmehr sagen — — —. Es kann nach dem bisher
Gesagten doch keinen Zweifel mehr unterliegen — — —. Wir
müssen uns bewußt klar werden — — —. Hier liegt es doch
offensichtlich klar auf der Hand — — —. Ich komme nunmehr
zum nächsten Punkt meiner Ausführungen und muß Ihnen
dazu sagen — — —.*

Die Reihe solcher Beispiele ließe sich beliebig fortsetzen. Ein ge-
schickter Redner kann durchaus auch einmal eine solche Floskel einfügen, um eine augenblickliche Gedächtnislücke zu über-
brücken und wieder den Anschluß an Vorhergesagtes zu finden, also eine Überlegungspause für sich zu gewinnen. Aber
auf diese Ausnahmefälle sollte auch die Verwendung von Floskeln beschränkt bleiben, um nicht den Redner — bei häufiger
Anwendung — als routinierten Schwätzer erscheinen zu lassen.

Die bereits einmal erwähnte *rhetorische Frage* dagegen ist ein
Stilmittel, dessen häufige Anwendung sich von selbst verbietet.
Sie wird bei Sachvorträgen nur selten anwendbar sein, bei Ansprachen und Reden im Motivationsbereich jedoch als Mittel
gebraucht werden, um das Mitdenken und somit das Mitgehen
der Hörer zu fördern. Denn ihre Eigenart besteht darin, daß
diese Frage zwingend eine Antwort verlangt, die jedoch — vom
Redner nicht ausgesprochen und auch nicht erwartet — jeder
einzelne Teilnehmer sich selbst geben soll. Wenn der Redner
eine rhetorische Frage im rechten Augenblick in der rechten
Form stellt, wird er schon an der Publikumsreaktion — den
Mienen vieler Zuhörer — ablesen können, wie stark die Anteil-

nahme an dem Gesagten ist. Je nach der Fragestellung werden
viele nicken oder mit dem Kopf schütteln; auch ein Lachen
oder zumindest allgemeine Heiterkeit kann die vom Redner
gewünschte Wirkung des allgemeinen Mitgehens deutlich machen.

Die *Prolepsis* ist ein stilistisches Mittel, das besonders die Lebendigkeit der Rede und die gedankliche Wechselbeziehung
zwischen Redner und Publikum demonstriert. Man versteht
darunter in der Rhetorik die Vorwegnahme von Einwänden,
was dem Redner nicht nur die Möglichkeit gibt, wirkungsvoller
zu argumentieren, sondern auch beim Publikum den Eindruck
vermittelt, der Redner habe an alles gedacht. Geschickt angewandt, kann die Prolepsis eine wesentliche Hilfe für die Argumentation und damit zur Überzeugung des Publikums sein.
Allerdings muß der Redner sich bereits bei der Vorbereitung
sehr genau diese Argumente durchdenken, damit er tatsächlich
nichts vergißt und alle möglichen Einwände von vornherein
entkräftet.

> *Von Bismarck wird berichtet, daß er einmal in einer
> Reichstagsrede folgendermaßen formulierte: ,,Ich sehe, wie
> einige von Ihnen den Kopf schütteln, und vermute wohl
> recht, wenn ich annehme, daß sie den folgenden Einwand
> gerade erwägen . . .'' Hier ist meisterhaft demonstriert, wie
> der Redner sein Publikum nicht nur beobachtet, sondern
> auch versucht, eine Gedankenbrücke zu schlagen und sich
> in ein vertrauensvolles Wechselspiel zu begeben, mit dem
> Gegensätze überwunden werden sollen. Und einem Könner
> der Rhetorik, wie es Bismarck war, ist darüber hinaus
> durchaus zuzutrauen, daß in diesem Falle — was niemand
> überprüfen konnte — nicht einmal ein Abgeordneter den
> Kopf geschüttelt hat, sondern der Kanzler die Behauptung
> nur aufgestellt hat, um Gelegenheit zu erhalten, seine
> Argumentation geschickt darzulegen.*

Die Prolepsis wird meist durch eine Redewendung eingeleitet,
die die Vorwegnahme ankündigt. So kann man sagen ,,Dem

könnte entgegengehalten werden" oder „Kritiker könnten hier
der Ansicht sein", man kann formulieren „Es ergibt sich hier
noch ein gegensätzlicher Gesichtspunkt" oder „Man kann dies
auch noch von anderer Seite sehen" oder „Nun könnten Sie
mir erwidern, daß . . ." u.v.a.m.

Eine gewisse Verwandtschaft zur Prolepsis weist die sogenannte
*Ja — aber — Methode* auf, in der allerdings zunächst etwas zuge-
standen wird, das man anschließend wieder einschränkt. Sie ist
vor allem anwendbar bei Rede und Gegenrede, also bei allen
Gesprächsführungen, bei Diskussionsbeiträgen und bei Zwischen-
rufen oder Fragen an den Redner. Ihre psychologische Wirkung
ist die, daß der Gesprächspartner auf seine Äußerung nicht
zuerst ein hartes Nein entgegennehmen muß, was bei ihm wiederum Aggressivität auslösen kann, sondern zunächst eine Zustimmung erkennt. Dadurch ist er anschließend auch eher bereit, die einschränkende Äußerung des Redners zu akzeptieren
und nicht sich voller Abwehrbereitschaft zu verschließen.

Formulierungen, dieses Mittel einer elastischeren Diskussions-
führung einzuleiten, gibt es eine große Anzahl wie z.B. „Ich stimme Ihnen zu, bitte Sie jedoch zu bedenken" — „Da mögen Sie
recht haben, wir sollten jedoch noch berücksichtigen" — „Dagegen
ist nichts einzuwenden, nur erwägen Sie bitte" — „Grundsätzlich trifft zu, was Sie sagen, in dieser speziellen Situation jedoch" — „Dem kann ich nicht widersprechen, aber eines müssen wir noch überlegen" oder gar ganz einfach „Stimmt, nur"
oder „Richtig, allerdings". In all diesen Beispielen sind sogar
absichtlich die Wörtchen „ja" und „aber" vermieden worden,
denn ein Diskussionsredner, der nur mit diesen Wörtern die
Methode praktiziert, kann leicht die Häufigkeit überziehen und
Abwehrreaktion des Gesprächspartners gegen diese auffällig
gehandhabte „dumme Tour" hervorrufen. Wer daran interessiert ist, seine Verhandlungsführung bei Vorträgen, Diskussionen und Verhandlungen sowie in Konferenzen elastischer zu

gestalten, um schroffe und daher oft unfruchtbare Konfrontationen zu vermeiden, sollte sich mit der Ja-aber-Methode und auch ihren Formulierungen, die — wie oben gezeigt — nicht „ja" und „aber" enthalten müssen, gezielt vertraut machen.
Schon bei der Vorbereitung eines Vortrags oder einer Rede (s. Abschn. 3.1 Materialsammlung) muß sich der Redner entscheiden, ob und wie er *Zitate* verwendet. Zitate sind in der Rhetorik deshalb ein umstrittenes Mittel, weil ihr Gebrauch vielfach falsch gehandhabt wird oder sie gar von manchen Rednern bewußt mißbraucht werden, um irgendetwas zu beweisen. Davon abgesehen können Zitate mehreren rednerischen Zielen dienen: man kann sie als Aufhänger bei der Einleitung oder als Schluß-wort gebrauchen, man kann sie auch als auflockernde oder gar humorvolle Einblendung benutzen, und sie können als Beleg oder Beweis für die Richtigkeit einer Meinung verwendet werden.

Der Ingenieur als Redner wird meist die zuletzt genannte Verwendung vorziehen, vornehmlich bei Sachvorträgen, bei deren Materialsammlung er bereits entsprechende Zitate aus der Literatur oder von angesehenen Fachleuten einplant. Für die Wiedergabe dieser Zitate während des Vortrags muß er beachten, daß er sie nicht nur deutlich als solche kennzeichnet, sondern auch die Quelle, aus der sie stammen, exakt angibt. Bei der Redetechnik des Lesens mit schweifendem Blick sowie bei der Mischtechnik und dem Arbeiten mit Hand- oder Stichwortzetteln darf der Redner das Zitat demonstrativ wörtlich ablesen, notfalls sogar verbunden mit der Geste des Hochnehmens des Zettels mit dem Zitat. Dies fördert — im Gegensatz zur mehrfach erwähnten Forderung, sich als weitestgehend unabhängig vom Manuskript zu zeigen — das Vertrauen der Zuhörer, die daraus erkennen, daß der Redner sich keinerlei Ungenauigkeit beim Zitieren zuschulden kommen lassen will.

Bei Ansprachen, kurzen Reden im Familien- oder Freundeskreis oder Trinksprüchen werden passend ausgesuchte und an der richtigen Stelle eingebaute Zitate selten ihre positive Wirkung auf die Zuhörer verfehlen. Der Redner kann sie schon bei der Vorbereitung entsprechend auswählen, um Aufhänger für irgendwelche Gedankenführungen zu haben. Hierzu gibt es außer dem klassischen „Geflügelte Worte" — dem Büchmann [15] — eine Anzahl sehr umfassender Handbücher (15 bis 18), die dem Redner die Möglichkeit geben, unter vielen Tausend Stichwörtern nachzuschlagen und das passende Zitat zu finden.

Gerade in den zuletzt genannten Fällen der Verwendung von Zitaten wird vielfach der *Humor* eine Rolle spielen, den der Redner bei solchen Gelegenheiten in seine Ansprache einbaut. Dem Naturwissenschaftler, dem Ingenieur und dem Techniker erscheint allerdings der Humor in Verbindung mit einer Sachinformation wie z.B. einem Fachvortrag als suspekt, wenn nicht sogar als untragbar. Von dieser falschen Meinung muß sich der Ingenieur, der reden lernen will, freimachen, denn der Humor befaßt sich mit dem Gefühlsbereich. Und über diesen Bereich weiß man nicht nur seit den jüngsten Untersuchungen in den Vereinigten Staaten, daß mehr als zwei Drittel aller Motivationen, die der Mensch täglich im beruflichen und geschäftlichen Leben erfährt, von Gefühlen bedingt und gesteuert sind. Es wäre also von einem Redner ausgesprochen dumm gehandelt, wollte er die Ansprache der Gefühle in seinem Vortrag außer acht lassen, weil er als nüchtern und sachlich denkender Fachmann diese für nicht mit seiner Würde vereinbar hält. Im Gegenteil: wer wirklich eine starke Persönlichkeit ist, kann sich ohne weiteres leisten, in seinen Ausführungen da oder dort auch den Humor zu seinem Recht kommen zu lassen. Denn er weiß aufgrund der führungspsychologischen Gesetzlichkeiten (s. Abschn. 2.2 und Tabelle 1), daß Gefühle ansteckend wirken und diese Ansteckungskraft einen Teil seines rednerischen Erfolges bringen kann.

Daß hierbei das relativ richtige Maß beachtet werden muß, ist
eine Selbstverständlichkeit; unter Anwendung des Humors darf
eben nicht das Erzählen eines knalligen Witzes während einer
Sachschilderung verstanden werden. Aber eine freundlich-iro-
nische Bemerkung, ein kleiner satyrischer Seitenhieb auf einen
unerfreulichen Zustand, eine erheiternde Formulierung durch
eine feine Doppelsinnigkeit oder ein scherzhafter Vergleich
kann ein wesentlicher Beitrag des Redners dazu sein, den nüch-
ternen Stoff ein wenig aufzulockern und vielleicht auch einzelne Zuhörer, die ein wenig uninteressiert waren, wieder zum
Mitdenken anzuregen. Gerade dem Ingenieur soll in diesem Zusammenhang einmal deutlich gesagt werden, daß er sich keineswegs etwas vergibt, wenn er bei seiner Rededarbietung auch
gelegentlich ein wenig Humor mitwirken läßt. An dem manchmal befreienden Lachen des Publikums auch bei der geringfü-
gigsten Einblendung einer heiteren Bemerkung wird der Redner erkennen, daß viele Zuhörer oft geradezu dankbar dafür
sind, wenn nicht alles nur tierischer Ernst ist. Das Wort vom
„tierischen Ernst" kennzeichnet dies deutlich: Es ist der Vor-
zug des Menschen, daß er Humor haben und ihn auch gezielt
anwenden darf; warum soll sich der Redner diese Chance, die
positive Einstellung seiner Zuhörer leichter zu gewinnen, nicht
im richtigen Maße nutzbar machen?

So wie der Redner vielfach vor der Rede Angstträume vor dem
Steckenbleiben oder einer Blamage haben kann, so träumen
auch viele Redner davon, schwierige Situationen durch gekonnte
*Schlagfertigkeit* souverän meistern zu können. Man wünscht sich
stets, in der Lage zu sein, bei einer unliebsamen Störung, einem
unpassenden Zwischenruf oder einer provozierenden Frage mit
sicherer Überlegenheit, vielleicht auch mit treffendem Humor
oder spitzer Ironie, schlagfertig reagieren und damit das Publikum für sich begeistern zu können. Nur bleibt leider auch diese
Situation in den meisten Fällen ein Traum: Wenn ein entsprechendes Vorkommnis eintritt, dann fällt einem meist nicht das

Passende zur geschickten Erwiderung ein. In diesem Augenblick hat der Redner dann die sogenannte „Mattscheibe"; eine Viertelstunde später jedoch kommt einem die Erleuchtung, daß man dies oder jenes hätte sagen können. Aber da ist es zu spät — die Gelegenheit, als schlagfertiger Meister der Rede sich zu beweisen, ist vorbei. Nur wenige Menschen haben Schlagfertigkeit von Natur aus, — sie ist tatsächlich eine Gottesgabe und läßt sich nicht lernen. Und daher dürfen auch die Ankündigungen mancher Rednerschulen, Schlagfertigkeit dem Redebeflissenen beibringen zu können, mit gehöriger Skepsis betrachtet werden.

Die schlagfertige Erwiderung ist nur eine Art, auf *Zwischenrufe* zu reagieren; es gibt noch zwei andere Möglichkeiten. Wenn der Redner auf einen Zwischenruf oder eine *Zwischenfrage* eine passende Antwort parat hat, dann sollte er sie geben; ist dies nicht der Fall, dann kann er entweder den Einwurf des Teilnehmers übergehen oder zurückstellen. Diese beiden Verhaltensweisen sind selbstverständlich gänzlich von der gerade gegebenen Situation abhängig; in manchen Fällen wird es passend sein, den Zwischenruf einfach zu überhören und unbeirrt — vielleicht mit ein wenig stärkerer Stimme — weiterzusprechen. In anderen Fällen wiederum — wenn der Zwischenruf oder die Zwischenfrage gewissermaßen unüberhörbar ist — kann der Redner ausdrücken, daß er auf den Einwand später zurückkommen werde. Dies kann — je nachdem wer der Zwischenrufer ist und wie sein Einwurf vorgebracht wurde — in unterschiedlicher Form geschehen: vom höflichsten „Vielen Dank für Ihre Erinnerung; ich komme gleich darauf besonders zu sprechen!" bis zum gereizten „Warten Sie doch bitte ab, ich wollte sowieso gleich darauf eingehen!" Hierfür kann es keine Patentrezepte der Reaktion geben; in jeder Situation wird der Redner sich bemühen müssen, das relativ richtige Maß zu finden.

Eine solche Zurückstellung muß vom Redner nicht unbedingt in der hinterhältigen Absicht gegeben werden, später doch nicht auf diese Frage eingehen zu wollen in der Hoffnung, daß der Zwischenrufer sie inzwischen vergessen habe. Aber es kann tatsächlich so sein, daß die sofortige Abhandlung innerhalb der Gliederung des Vortrags nicht paßt und für einen späteren Zeitpunkt vorgesehen ist. Um so wirkungsvoller wird es dann sein, wenn der Redner in dem Augenblick, da er die zuvor zurückgestellte Frage anschneidet, auch noch eine entsprechende Bemerkung macht wie etwa: „Und damit komme ich auf Ihre Frage von vorhin zu sprechen – – –!" Dies wird das Vertrauen des Publikums zur Person des Vortragenden, der offensichtlich nichts vergißt und auch nicht kneifen will, nur festigen.

Nicht nur Zwischenrufe und Zwischenfragen bringen den Redner in Gefahr, aus dem Konzept zu geraten, sondern auch *Störungen,* die durch menschliche oder technische Anlässe eintreten können. Der Möglichkeiten sind unzählige, – vom Hustenanfall eines Zuhörers bis zum Aufstehen mehrerer Personen, weil ein Zuspätkommender unbedingt seinen Sitzplatz in der Mitte einer Reihe beansprucht, vom Abreißen der Schnur für die Verdunklungseinrichtung bis zu den Lachsalven der Nachbarveranstaltung, die durch die Falttür vom Nebenraum zu hören sind. So unterschiedlich wie die Anlässe sein können, so unterschiedlich kann auch der Redner reagieren. Aber sein oberstes Prinzip sollte sein, sich dazu zu zwingen, vorerst einmal die Ruhe zu bewahren. Denn einem Redner, der auf irgendwelche Störungen nervös oder gereizt reagiert, kann leicht unterstellt werden, daß er seiner Sache unsicher ist. Daher ist es in allen Fällen von Störungen gut, wenn der Redner zunächst einmal – ohne Zeichen von Nervosität – im Reden innehält und die Entwicklung abwartet. Vielleicht bringt ihm diese kurze Pause auch dann noch einen Einfall für eine humorige Bemerkung, mit der er die entstandene Situation meistert.

Zu einer Störung im Ablauf des Vortrages kann es auch kommen, wenn dem Redner eine Zwischenfrage gestellt wird, mit der er tatsächlich überfragt ist und die er daher nicht beantworten kann. Statt in einem solchen Falle darumherum zu reden oder ausweichend zu reagieren, ist es dann immer noch am besten, wenn der Redner frei und offen bekennt, daß er überfragt sei. Kein Mensch kann alles wissen; daher wird es auch keinen schlechten Eindruck machen, wenn der Redner sein in diesem Falle mangelndes Wissen zugesteht, gegebenenfalls mit der Bemerkung verknüpft, er werde sich jedoch informieren und dem Frager einen Bescheid zukommen lassen.

Die Verwendung von *Fachausdrücken* und von *Fremdwörtern* durch den Redner kann zu Störungen der Kommunikation zwischen ihm und seinem Publikum führen; auch hier können dann eventuell peinliche Fragen gestellt werden. Der Vortragende sollte sich bereits bei der Vorbereitung sehr genau überlegen, welche Fachausdrücke er verwenden will und ob er voraussetzen kann, daß sein Publikum diese auch kennt. Eindeutig ist die Situation nur dann, wenn der Redner mit einem neuen Begriff aufwartet, dessen Erläuterung ein Teil seines Vortrages ist. Schwieriger wird es für den Vortragenden, wenn er mit mehreren Fachausdrücken arbeiten muß, von denen er nicht in jedem Falle sicher ist, daß alle Anwesenden sie kennen und verstehen. Er wird es dann so handhaben, daß er bei der Erwähnung des betreffenden Wortes beiläufig die Frage stellt, ob dieser Begriff allen Anwesenden geläufig sei oder ob jemand eine Erläuterung wünsche. Sollte dieser Wunsch dann aus dem Publikum laut werden, so muß der Redner eine — notfalls vorbereitete — kurze und prägnante Erläuterung parat haben, die für die Nichtwissenden zum Verständnis ausreicht, jedoch andererseits für diejenigen des Hörerkreises, die den Begriff kennen, nicht zu weitschweifig und daher langweilig ist.

Hüten muß sich der Redner aber auf jeden Fall davor, den Eindruck zu erwecken, er gebe von oben herab — aus seinem höheren Wissen — den armen Unwissenden gnädigerweise eine Erklärung. Dies kann zu sehr unangenehmen Reaktionen des Pub-

likums führen, zumindest aber den Redner in ein Licht der Überheblichkeit rücken, das seinen Erfolg in Frage stellt.

Der Gebrauch von *Fremdwörtern* oder fremdsprachlichen Ausdrücken kann rhetorisches Glatteis werden; kritisches Publikum wird sich sehr daran stören, wenn der Redner ein Fremd-
wort im falschen Zusammenhang verwendet oder Begriffe aus
einer Fremdsprache falsch ausspricht. Für den letzteren Fall
muß sich der Redner — wenn er seiner Sache nicht sicher ist —
unbedingt bei der Vorbereitung bei einem Kenner dieser
Sprache informieren, wie das Wort ausgesprochen wird, um
keinen Lapsus zu begehen, der ihm unter Umständen mehr
schaden als ein sonst erfolgreicher Vortrag an Ansehen einbringen kann. Nicht umsonst sagt man im Sprachgebrauch scherzhaft, daß Fremdwörter Glückssache seien, und meint damit, daß
sich oft Menschen solcher Wörter bedienen, indem sie sie anderen nachschwätzen, ohne sich der exakten Bedeutung bewußt
zu sein. Der Redner sollte Fremdwörter zunächst einmal nur
dort verwenden, wo sie unumgänglich notwendig und nicht
durch ein gleichwertiges deutsches Wort ersetzbar sind. Er darf
sie auch nur dann gebrauchen, wenn er genau weiß, was sie be-
deuten — und wenn er sicher sein kann, daß auch seine Hörer
sie so verstehen. Und ebenso wie bei fremdsprachlichen Wörtern muß der Redner auf jeden Fall seiner Sache sicher sein,
das Wort richtig aussprechen und richtig betonen zu können.
Denn allein eine an sich nebensächliche Kleinigkeit wie falsche
Betonung eines Fremdwortes kann Hörern Anlaß geben, sich
an der Person des Redners zu stören.

Der rednerischen *Unarten* sind so viele, daß ihre ausführliche
Behandlung ein eigenes Werk füllen könnte; im folgenden werden nur die wichtigsten und am häufigsten vorkommenden —
ohne Anspruch auf Vollständigkeit — einmal genannt. Es ist
dem redebeflissenen Ingenieur überlassen, an sich selbst weitere zu entdecken oder auch gute Freunde zu bitten, ihn darauf aufmerksam zu machen.

Die Neigung aller Menschen, zu verallgemeinern, wird zunächst
einmal dazu führen, daß beim Publikum jedes Verhalten des
Redners, das öfter oder gar häufig vorkommt, eine Abwehrreaktion auslöst. Im Sinne der führungspsychologischen Gesetzlichkeiten (s. Tabelle 1) werden auch nur geringe Wiederholungen
im Verhalten des Redners als Überziehung der Häufigkeit empfunden und abgelehnt; die Hörer sagen sich dann „der macht ja
immer so" oder „der sagt ja ständig . . .". Und einmal darauf
aufmerksam geworden, wird der Zuhörer nun auch noch besonders auf dieses festgestellte rednerische Fehlverhalten achten
und sich vom Inhalt des Vortrags ablenken lassen. Dies ist die
eigentliche und grundsätzliche Gefahr für den Redner — und daher muß er sich seiner eventuellen Angewohnheiten als Unarten
bewußt werden, um sie durch Training abstellen zu können.

Im Abschnitt über den Redestil (Abschn. 4.2.1.3) wurde bereits
eingehend die Verwendung von Modewörtern, die vielfach auch
Lieblingswörter des Redners sind, behandelt. Hier sei nur noch
einmal darauf aufmerksam gemacht, wie negativ die Persönlichkeitswirkung auch für den Ingenieur als Redner werden kann,
der nicht darauf achtet, solche Wörter zu vermeiden. Gerade
von ihm erwarten die Zuhörer — und setzten sie sich auch aus
Nichtfachleuten zusammen — eine sachlich qualifizierte Dar-
stellungsweise, die durch gedankenloses Verwenden von Modewörtern oder Lieblingsausdrücken des Vortragenden abgewer-
tet wird.

Hierzu gehört auch das sogar bei vielen routinierten Rednern
beliebte Einblenden der Anrede wie „Meine Herren" oder
„Meine Damen und Herren", das für die Hörer zur Plage werden kann. Ein gelegentliches Wiederholen der Anrede kann
durchaus angebracht sein; wenn jedoch erkennbar ist, daß die
an den unpassendsten Stellen eingefügte Wiederholung der
Anrede nichts anderes ist für den Redner als eine rhetorische
Eselsbrücke, um Zeit zu gewinnen, dann ist sie ein Beweis

schlechter Vorbereitung oder mangelhafter Konzentration.
Dies merkt das Publikum sehr schnell und wird seine Schlüsse
über den Redner und seine Leistung ziehen.

Ein allseits beliebter Rednertyp ist der „Äh-Sager", der bei
jeder Gelegenheit an den unpassendsten Stellen sein „Äh" ein-
fügt. Die Verwendung dieses Lautes rührt von der Zwangsvor-
stellung vieler Redner her, sie dürften keine Pause ihres Redeflusses eintreten lassen, weil sonst das Publikum den Eindruck
erhalte, der Vortragende sei steckengeblieben und wisse nicht
mehr weiter. Dies kann zu einer Angewohnheit werden und dazu führen, daß der Redner ständig und an den unmöglichsten
Stellen sein „Äh" dazwischenblendet; auch hier kann die Wirkung entstehen, daß schließlich das Publikum nur noch auf diese
Fehlleistung achtet, notfalls sogar Striche macht und die „Äh"
zählt und somit vom Inhalt abgelenkt wird. Es ist keineswegs
schwer zu nehmen, wenn dem Redner an einer Stelle, wo er in
freier Redegestaltung nach einem Wort oder einer Formulierung
sucht, einmal ein „Äh" herausrutscht; im Gegenteil: man wird
vielleicht als Hörer durchaus erkennen und anerkennen, wie
frei der Vortragende spricht und wie lebendig er seine Formulierungen gestaltet. Vom Übel dagegen ist es, wenn das häufige
Anwenden des „Äh" zur Angewohnheit und damit zur Unart
wird. Dies erkennt der Redner spätestens bei der Tonbandkontrolle der Vorübungen (s. Abschn. 4.2.1) und kann sich bemühen, es abzustellen.

Vielfach wird behauptet, es sei schlecht, wenn ein Redner sich
zu Anfang seiner Ausführungen entschuldige. Dies darf man
nicht so allgemein sagen, denn sicher kann sich aus bestimmten
Gegebenheiten oder Umständen die Notwendigkeit ergeben,
dem Publikum ein entschuldigendes Wort zu sagen. Jedoch
soll der Redner tatsächlich vermeiden, diese Entschuldigung
gleich zu Anfang seines Vortrags zu bringen, weil dann ein Mißtrauen bei den Hörern entstehen kann durch die Vorstellung,
der Redner entschuldige sich nur über diese oder jene Sache,

um eine schlechte Redeleistung zu beschönigen. An gegebener
Stelle später eine begründete Entschuldigung einzufügen, ist
durchaus akzeptabel; allzuhäufige Entschuldigungen jedoch oder
mehrfache Entschuldigungen für ein und denselben Gegenstand
sind unbedingt zu vermeiden.

Manchmal verfallen Redner auch auf die Masche der Tiefstapelei,
indem sie sich für mangelhafte Leistung entschuldigen, obwohl
sie das garnicht nötig haben. Als Beispiel hierzu mag der Fest-
redner genannt werden, der seinen Trinkspruch mit den Worten
beginnt: „Ich bin kein Redner, aber . . ." Und dann entpuppt
sich dieser angebliche Nicht-Redner sogar als ein sehr guter
Praktiker der Rhetorik, der am Ende ungeteilten Beifall ein-
heimst. Mit dem Anfangstrick der Tiefstapelei wollte er eigentlich nur bewirken, daß man sich hinterher im Publikum zuraunt:
„Na, dafür, daß er doch kein Redner ist — das hat er ja selber
gesagt — hat er doch sehr gut gesprochen!" Solcher Mätzchen
bedarf eine wirkliche Rednerpersönlichkeit keineswegs, um ihre
Gloriole noch zu erhöhen — das Publikum ist viel sensibler, als
man manchmal glaubt, und wird sehr schnell solche Tiefstapelei
durchschauen. Und übrigens: diesen Trick kann ein Redner vor
einem Gremium nur einmal machen; ein zweites Mal wird er
nicht mehr verfangen.


### 5.2.3. Abschluß und Abgang

Die schon mehrfach erwähnte Neigung der Menschen, zu verallgemeinern, macht auch vor dem Abschluß einer rhetorischen
Darbietung nicht halt: bei einem noch so gelungenen Vortrag
kann ein an sich vielleicht unwichtiges Fehlverhalten zum
Schluß — sei dies verbal oder nonverbal vom Redner geäußert —
zu einer Verschiebung des Gesamturteils zum Negativen hin
führen. Bereits bei der Behandlung der Gliederung (s. Abschn.
3.2) wurde auf die Bedeutung des Schlusses hingewiesen und erwähnt, daß der Redner die Schlußformulierung auf keinen Fall
seiner Tagesform oder dem Zufall überlassen solle. Dies gilt

jedoch nicht nur für die verbale Formulierung, sondern auch
für das äußere Verhalten des Vortragenden. Noch so gut formulierte Schlußworte bleiben ohne Wirkung, wenn der Redner nicht
sowohl in der stimmlichen Modulation als auch mit seinen Gebärden demonstriert, daß dies wirklich der Abschluß seiner Ausführungen ist und die Zuhörer somit zur Beifallskundgebung
aufgefordert sind.

*Jedermann hat schon einmal erlebt, wie ein ungeschickter
Redner seine Ausführungen beendet hat, aber die Zuhörer
— im Zweifel, ob er nun wirklich fertig sei — einander un-
schlüssig anblickten, unsicher darüber, ob nun Beifall gegeben werden könne oder der Redner noch fortfahre. Erst als
zögernd Beifall einsetzte, hob der Redner dann den Kopf
von seinem Manuskript, um sich entweder linkisch zu verbeugen oder aus lauter Verlegenheit ohne dankenden Blick
auf sein Publikum zu seinem Platz zu gehen. — Und wiederum
andere Redner kann man erleben, deren Haltung beim Abschluß demonstrativ Beifall heischt und die dann — wenn dieser nicht so spontan einsetzt, wie sie es offensichtlich erwartet haben — schulterzuckend sich hinwegbegeben. — Der
Möglichkeiten des Fehlverhaltens sind sehr viele.*

Außer der verbalen Äußerung, die der Redner als Schlußworte
in seinem Manuskript vorgesehen hat, gibt es noch eine ganze
Anzahl von Verhaltensweisen, die diesen Schluß auch optisch
unterstreichen und auf diese Weise das Publikum zum Beifall
motivieren. Der Redner wird — je nach den Gegebenheiten —
dies schon bei der Tonband- und der Spiegelkontrolle praktizieren und sich selbst auf die am besten angepaßte Form überprüfen.

*Bei einem Trinkspruch oder einer Tischrede genügt parallel
mit der Abschlußformulierung „ . . . Und darauf wollen wir
trinken — unser Glas erheben — anstoßen — einen kräftigen*

*Schluck nehmen — u.ä." das Hochheben der Hand mit dem
(zuvor gefüllten!) Glas, um die Gemeinsamkeit zu erreichen.*

*Bei der Eröffnungsansprache zu einer Party wird dem Wunsch
für einen netten Abend und der Aufforderung, sich am kal-
ten Buffett zu bedienen, eine entsprechend einladende Bewegung des Armes beigefügt werden.*

*Beim Abschluß einer Unterweisung oder eines Unterrichts
wird der Lehrende — falls er zuvor (bei einem Lehrgespräch)
gesessen hat, aufstehen und seine Redeunterlagen zusammen-
packen. Auch am Ende eines Fachvortrags können die abschließenden Worte begleitet sein vom Zusammenschichten
der Manuskriptblätter und dem ruhigen, rundum ins Publikum schweifenden Blick des Redners.*

*Ganz allgemein wird es angebracht sein, nach dem letzten
Wort eine leichte Verbeugung bzw. eigentlich nur ein Nicken
des Kopfes zu praktizieren, das auch gleichzeitig eine Höf-
lichkeitsgeste des Dankes für die Aufmerksamkeit der Hörer
darstellt.*

Das Aussprechen des Dankes sollte vom Redner vorher wohl-
überlegt werden; es ist durchaus angemessen, wenn der Vortragende nach einer längeren Rededarbietung seine Ausführungen
mit den Worten abschließt: ,,Ich danke Ihnen für Ihre Aufmerksamkeit!" Dies ist eine Äußerung, die so ehrlich gesagt
wie auch gemeint ist und nichts Formelhaftes an sich hat. Dagegen ist es wenig passend, nach einer nur kurzen Ansprache oder
sogar einem nur wenige Sätze umfassenden Diskussionsbeitrag
klischeehaft ,,Ich danke Ihnen!" oder nur ,,Danke!" zu tönen.
Diese Modetorheit, aus dem Amerikanischen übernommen,
sollte der Ingenieur, der als Rednerpersönlichkeit wirken will,
nicht nachahmen, denn sie drückt in den meisten Fällen aus,
daß der Sprechende zu faul oder zu unfähig war, sich wirklich
einen passenden Schluß zu überlegen und anzubringen. — Es
gibt sogar Rednerschulen, die ein solches ,,Danke" als Schluß

empfehlen; derjenige Redebeflissene jedoch, der sich mit
psychologischen Zusammenhängen und Wirkungen befaßt hat,
wird leicht erkennen, daß man als Redner seinem Publikum ein
wenig mehr zum Abschluß bieten muß als eine oft unangebrachte
und sinnlose Formel, die — weil Schema — nicht einen aus ehr-
lichem Herzen kommenden Eindruck bewirken kann.

Ebenso wie das Aufstehen und Hintreten (s. Abschn. 5.2.1.1)
sind auch der Abgang und das Hinsetzen des Redners zunächst
einmal abhängig von den äußeren Gegebenheiten; je nachdem
ob er am Tisch, vom Rednerpult oder frei im Raum stehend gesprochen hat. In allen Fällen jedoch muß sich der Redner diesen
*Abgang* vorher genau überlegen und notfalls ausprobieren, damit
ihm keine Ungeschicklichkeit unterläuft. In vielen Fällen wird
es einer Regelung des Verhaltens entsprechend der akuten Situation bedürfen; beispielsweise wird ein Redner nach seinen Schluß-
worten den aufkommenden Beifall noch am Pult stehend entgegennehmen und während desselben sich — je nach der Dauer und
Stärke dieses Beifalls — zwei- bis dreimal knapp nach verschiedener Richtung hin verbeugen. Wenn er jedoch dann beim Zurück-
gehen an seinen Sitzplatz immer noch Beifall erhält, muß er
auch von seinem Platz aus — ehe er sich hinsetzt — nochmals
durch eine knappe Verbeugung seinem Publikum für diese Beifallskundgebung danken. Dies alles in ruhiger und sicherer Haltung, mit einem leichten Lächeln.

Bei Anwesenheit eines Veranstaltungs- oder Versammlungslei-
ters muß der Vortragende damit rechnen, daß dieser seinen
Dank gegenüber dem Redner bekundet. Dies kann dadurch geschehen, daß der Leiter noch während des Beifalls dem vom
Pult wegtretenden Redner entgegengeht, ihm die Hand schüttelt
und vielleicht ein paar — wegen des Beifalls sowieso nicht zu
verstehende — Worte sagt. Es kann jedoch auch so gehandhabt
werden, daß der Leiter nach Abklingen des Beifalls selbst noch
zu kurzen Dankesworten zu reden anhebt, während der Vortragende sich bereits auf dem Rückweg zu seinem Platz befindet.

Er muß dann selbstverständlich sofort stehen bleiben und mit
Höflichkeit diese kleine Laudatio über sich ergehen lassen.

Damit sich hierbei keine peinlichen Situationen ergeben, ist es
gut, wenn der Redner auch diesen abschließenden Vorgang zuvor offen mit den Leitenden abspricht, indem er ihn zunächst
fragt, welches Verhalten er beabsichtigt, um dann zusammen
mit ihm festzulegen, wie sich beide verhalten. Dadurch werden peinliche oder manchmal sogar komische Situationen von
vornherein vermieden und der Redner ist sicher, daß der letzte
Eindruck auf das Publikum ebenfalls ein positiver sein kann.

## 6. Beispiele aus der Praxis

Es mag dem Ingenieur, der sich nun mit dem Studium der Rhetorik befaßt hat, ebenso gehen wie vielen Lernenden in anderen Bereichen: Nach Durcharbeiten des Stoffes kommt er zu der Überzeugung, daß dies zwar alles sehr schön — theoretisch — sei, daß jedoch die Praxis anders aussehe. ,,Bei mir ist das alles ganz anders — das geht bei mir ja gar nicht so!'' lautet dann die gängige Formulierung, die — psychologisch gesehen — einerseits dem Geltungstrieb, die eigene Tätigkeit überzubewerten, entspricht, zum anderen der Trägheit, die erlernten Erkenntnisse nun auch maßstabgerecht auf die eigenen Aufgaben zu übertragen.

Um zu beweisen, daß eine solche Übertragung auf die verschiedenen Gebiete, mit denen der Ingenieur zu tun hat, möglich ist, sind im folgenden einige Beispiele der unterschiedlichsten Bereiche zusammengestellt; Fälle aus der Praxis, anhand deren man erkennen mag, mit wie relativ wenig Mühe sich dies bewerkstelligen läßt, sofern nur der gute Wille vorhanden ist. Jeder redebeflissene Ingenieur darf überzeugt sein, daß sich die rhetorischen Erkenntnisse und Verhaltensregeln auch auf seinen speziellen Aufgabenbereich ohne nennenswerte Schwierigkeiten übertragen lassen.

Eines sei jedoch zu den folgenden Beispielen noch vorausgeschickt: Kritiker könnten an der Aufbereitung derselben hier und da sich stören und zu der Ansicht gelangen, dies hätte man auch anders machen können. Hierzu ist nur zu sagen, daß es in keinem Falle Patentrezepte geben kann, rhetorische Techniken in Verbindung mit psychologischen Erkenntnissen so oder so anzuwenden. Jedem ist in dieser Hinsicht völlig freier Spiel-

raum in der Anwendung gelassen; Kritik an der Handhabung
in den folgenden Beispielen birgt das Positive, daß der Kritiker
sich zumindest Gedanken darüber gemacht hat — und dies ist
bereits der Ansatz zum Erfolg.

## 6.1. Vorbereitung der Lernstrategie

Die Trainings-Abteilung der Adam Opel AG. in Rüsselsheim
geht bei Inangriffnahme eines neuen Stoffes, der einem bestimmten Adressatenkreis vermittelt werden soll, meist so vor, daß
sich zunächst eine Gruppe von Trainern — bei umfangreicheren
Aufgaben auch als ,,Projekt-Gruppe'' bezeichnet — in Teamarbeit damit befaßt und Didaktik und Methodik der Aufgabe
festlegt. Dabei wird nach Kenntnis der Zielgruppe, des Lern-
zieles, des Lerninhaltes und der Lernbedingungen die Lernstrate-
gie entwickelt und das Vorgehen mit entsprechenden Medien
programmiert.

Vielfach wird dann ein Pilot-Seminar eingeschaltet, d.h. wie bei
einer Hauptprobe wird der Stoff mit einer Gruppe, die dem
Adressatenkreis entspricht, durchgespielt, um daraus noch mögliche Verbesserungen zu erkennen und einzubauen. Dann erfolgt
die schriftliche Niederlegung der Thematik in der erforderlichen
Gliederung mit Auszeichnung (am Rande des Arbeitspapiers)
der Lerntechniken. Bei Opel wurde hierzu eine eigene Symbol-
Liste entwickelt, Bild 7.

Jeder Trainer, der den Auftrag erhält, den Lernstoff bestimmten
Gruppen zu vermitteln, bekommt diese schriftlichen Unterlagen
für seine eigene Vorbereitung und für die eigentliche Durchfüh-
rung. Auf diese Weise ist für die Trainingsleitung garantiert, daß
dieser Stoff in allen Bereichen des verzweigten Unternehmens
auf die gleiche — zuvor lernpsychologisch optimal erarbeitete —
Weise vermittelt wird. Aufgabe des Trainers ist es nunmehr nur
noch, sich in den jeweiligen Unterrichtsstunden durch Beobachtung dem spezifischen Verhalten der betreffenden Gruppe an-

**!** = Wichtige Feststellung, die hervorgehoben werden muß, z.B. Regel, Merksatz

**?** = Frage an die Gruppe richten und auf Antwort warten

**⚡** = Eine zum Widerspruch reizende Bemerkung oder ein Gegenargument

**●** = Ein neuer Gesichtspunkt — kann auch numeriert werden

**○** = Zusammenfassung durch den Lehrenden oder die Gruppe

**□** = Prüfungsfragen, Aufgaben usw., um erreichtes Verständnis festzustellen

**△** = Zeichen für Beispiel (anschließend sollte der genaue Inhalt des Beispiels angegeben werden und nicht nur ein Kennwort)

**⊘** = Zeichen für Vergleich

**⊠** = Symbol für Tafelarbeit (kann auch durch farbigen Strich am Rand gekennzeichnet werden)

Bild 7. Symbole für Lerntechniken

zupassen, d.h. das relativ richtige Maß optimal zu treffen. Dies wird, da jede Gruppe anders ist, jeweils verschieden sein, dürfte ihm jedoch bei der intensiven stofflichen und didaktischen Arbeitsvorbereitung nicht schwerfallen.

## 6.2. Erarbeiten von Beispielen und Vergleichen

Obwohl bei den heutigen Führerscheinprüfungen der technische Bereich nur noch eine ganz geringe Rolle spielt, hat es sich Oberingenieur Kurt Kirch stets zur Aufgabe gemacht, seinen Fahrschülern zumindest die grundlegenden technischen Zusammenhänge zu erklären. Da es sich bei den Bewerbern fast ausschließlich um technische Laien handelte, hat sich der Oberingenieur für alle technischen Vorgänge, die er zu erläutern beabsichtigte, jeweils simple Vorgänge des täglichen Lebens, die jedem geläufig sein können, als Beispiele herangezogen.

Die Funktion eines Vergasers wurde von ihm dahingehend erklärt, daß dieser die Aufgabe habe, ein explosives Treibstoff-Luft-Gemisch zu schaffen, das dann im Zylinder durch den Zündfunken zur Verbrennung und Expansion gelangt. Anhand einer einfachen Zeichnung, B i l d 8, demonstrierte er den Vorgang so, daß der scharfe Luftstrahl, der aus Düse a heraustritt, von dem aus Düse b heraustretenden Treibstoff winzige Tröpfchen „abreiße" und auf diese Weise eine Art Nebel entstehe, das eigentliche Gemisch. In aktiver Lernmethode ließ der Fahrlehrer dann noch die Schüler selbst Beispiele aus der täglichen Praxis suchen und nennen. Die Lernenden, die dabei erkannten, daß sie dieses Prinzip schon beim Parfümzerstäuber, beim Wassersprüher für Zimmerpflanzen oder bei der Spraydose gesehen hatten, schufen sich auf diese Weise Assoziationen mit bereits vorhandenen Speicherinhalten und hatten ein Erfolgserlebnis, durch die der erarbeitete Wissensstoff fest gespeichert wurde; ein Musterbeispiel gezielten pädagogischen Vorgehens mit Anschaulichkeit.

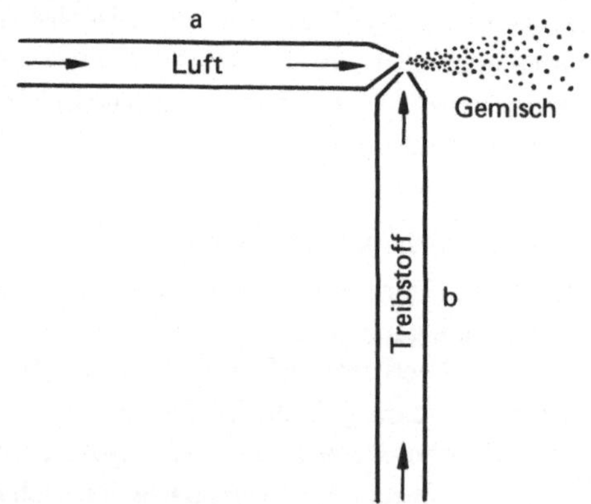


Bild 8. Funktion des Vergasers. a, b Düse

## 6.3. Unterweisung in Unterweisung

Hans Ph. Kopeitko, Dozent in einer Unternehmensberatung, hat
in seiner jahrzehntelangen Tätigkeit Zigtausende von Meistern
der deutschen Wirtschaft darin geschult, wie sie Arbeitsunter-
weisungen bei ihren Mitarbeitern psychologisch geschickt und
pädagogisch richtig rationeller vornehmen können. Er hat eine
eigene, in mehrere Stufen gegliederte Methode entwickelt, die er
an einem bewußt einfach gehaltenen Beispiel demonstrierte, das
im folgenden — aus Platzgründen stark gekürzt — dargestellt werden soll:

*Zielvorstellung*
*an Tafel erarbei-*
*tet und erläutert*
Voraussetzung für jede Arbeit ist, daß der
Mitarbeiter sie richtig, schnell, gewissenhaft
und sicher zu verrichten lernen soll.

*Beispiel zur*
*praktischen*
*Übung*
Aufgabe, einem Mitarbeiter die Anfertigung
eines Zugentlastungsknotens beizubringen;

*1. psycholo-*
*gische Voraus-*
*setzung:*

*positive Einstel-*
*lung*
*= Vertrauen zur*
*Person schaf-*
*fen*
Vorgehen des Unterweisenden: Begrüßung
des Mitarbeiters, Erklärung der bevorstehenden Tätigkeit, Erläutern des Begriffs ,,Zug-
entlastungsknoten''.

Dieser Zugentlastungsknoten wird im Innern
von elektrischen Steckern angebracht, damit
— wenn jemand den Stecker an der Schnur
aus der Steckdose ziehen sollte — der Zug

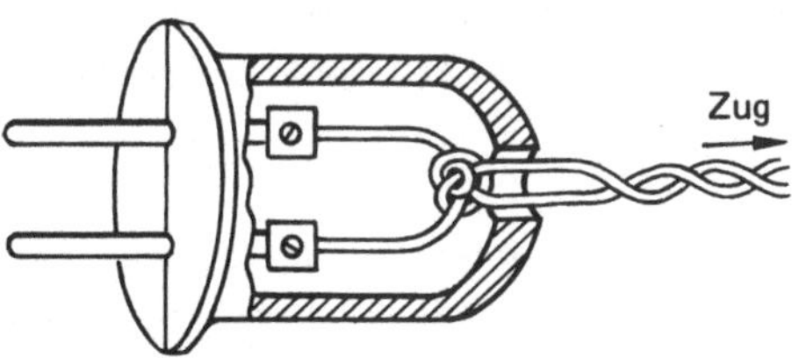


Bild 9. Zugentlastungsknoten.

*+ Interesse an der Sache wecken*

auf den Stecker und nicht auf die Kontakte wirkt, womit Beschädigungen vorgebeugt werden soll.

*Stecker mit Knoten zeigen!*

*rein akustische Einflußnahme ohne optische Unterstützung, nur 11% Wahrnehmung durch den zu Unterweisenden*

Mündliche Erklärung des Vorgangs:

Nehmen Sie eine verdrillte elektrische Leitungsschnur zwischen Daumen und Zeigefinger der linken Hand. Halten Sie diese senkrecht vor sich hin, und zwar 15 cm vom oberen Ende entfernt. Drehen Sie mit der rechten Hand die verdrillten Enden auf und streichen Sie diese glatt. Machen Sie dann mit dem rechten losen Ende im Uhrzeigersinn eine Schleife. Halten Sie diese mit dem Daumen der linken Hand vor dem Hauptstrang am Fußpunkt des „V" fest. Das nach links überstehende Ende soll kleinfingerlang sein. Ziehen Sie jetzt das andere lose Ende auf sich zu; führen Sie es unter dem überstehenden Ende der Rechtsschleife von sich weg und durch die Rechtsschleife auf sich zu .... usw.

*(Abbruch der Erklärung aus Raumgründen)*

*Demonstration des Mißerfolg-Erlebnisses*

Auf Befragen und Probieren ist keiner der Hörer in der Lage, den Knoten zu machen.

*optische Wahrnehmung für zu Unterweisenden 83 %*

Vormachen des Vorgangs wortlos, d.h. ohne mündliche Erläuterung der Tätigkeit.

| | |
|---|---|
| *Demonstration des Mißerfolg-Erlebnisses* | Aufforderung an die Zuschauer, den vorgemachten Vorgang nachzuvollziehen. Ergebnis: Kaum einer wird dazu in der Lage sein, dies richtig zu machen. Wenn doch, dann ist es zufällig. |
| *Kreativität fördern* | Erklärung, warum die beiden Methoden — akustisch und optisch — nicht zum Lernerfolg geführt haben. Abfragen nach den Gründen dafür. |
| | Vorführen der optimalen Unterweisungsmethode unter Vermeidung der bisherigen Fehler und Berücksichtigung psychologischer Erkenntnisse. |
| *Seitenverkehrtheit wird ausgeschaltet* | Unterweisender stellt sich neben den Mitarbeiter. |
| *optische und akustische Wahrnehmung gleichzeitig* | Unterweisender macht es langsam — mit Pausen — vor unter gleichzeitigem Sprechen des vorgenannten Textes. |
| *zusätzlich haptische Wahrnehmung* | Unterweisender läßt den Mitarbeiter bei der Wiederholung der Vorführung mit eigenem Draht mitmachen. |
| *Häufigkeit der Übung — Mitdenken und Mitsprechen parallel geschaltet zum Tun* | Nochmalige Wiederholung, bei der beide — Unterweisender und Mitarbeiter — gleichzeitig den Vorgang durchführen, während der Unterweisende die sprachliche Erläuterung bereits etwas kürzt und statt dessen den Mitarbeiter die Erläuterung sprechen läßt. |

| | |
|---|---|
| *Hinführen zum Können durch Übung* | Weitere Wiederholung: Unterweisender macht kaum mehr mit — läßt Mitarbeiter alles alleine tun und sprechen und greift nur helfend ein, sofern dieser stecken bleibt. |
| *Schaffen des Erfolgserlebnisses* | Wiederholungen ohne Eingreifen des Unterweisenden. Mitarbeiter: „Jetzt kann ich's!" |
| *Psychomotorischer Lernweg:*<br>*a) Probieren*<br>*b) Erfahren von Erfolg oder Mißerfolg*<br>*c) Einüben des richtigen Verhaltens* | Wenn der Unterwiesene den Vorgang mit Erklärung fehlerfrei beherrscht, wird er vor die Aufgabe gestellt, dies nun einem Dritten beizubringen und seine eigene Sicherheit zu verbessern. |

## 6.4. Fachreferat vor Studenten

Dipl.-Ing. Wolfgang Kämmerer, Professor an der Fachhochschule Frankfurt am Main (vormals „Staatl. Ingenieurschule"), schildert, daß viele seiner Studenten nur äußerst mangelhaft in der Lage sind, sich bei Vorträgen und Referaten verbal auszudrücken. Beispielsweise werden von den Vortragenden Konstruktionszeichnungen mittels Epidiaskop gezeigt, ohne ausführlich erläutert zu werden. Vom Dozenten aufgefordert, doch die betreffende Zeichnung zu erklären, antworten viele der Vortragenden etwa, dies sei gar nicht nötig, die Zeichnung sei doch so verständlich, daß alles klar sei.

Das folgende Referat[2] eines Studenten enthält — vom Rheto-

---

[2] Anmerkung: Das zur Verfügung gestellte Referat wurde von einem Studenten (Name weggelassen!) des 5. Semesters Feinwerktechnik im Sommersemester 1967 gehalten und lehnt sich — ohne Quellenangabe — z.T. wortwörtlich an den am 29.11.1961 in Nr. 48 der VDI-Nachrichten erschienenen Aufsatz von Dipl.-Ing. K. Idelberger „Ball ersetzt Schreibwagen und Typenhebel" an, der mit 5 Bildern erläutert ist.

rischen her gesehen — Positives und Negatives, das entsprechend
am Rande vermerkt wurde. Als Vergleich wurde an manchen
Stellen der offizielle Text der IBM-Informationsschrift angezogen, die für das Thema „Verwendung eines Kugelkopfes zur
Aufnahme der Schriftzeichen bei Schreibmaschinen" zur Verfügung stand. Es muß um Verständnis dafür gebeten werden,
daß aus Platzgründen nur einige Teile des fast 5 Schreibmaschi-
nenseiten umfassenden Manuskriptes behandelt werden können.

*Gliederung gut und überschaubar*

Das Referat ist gegliedert in
1. Charakteristik, 2. Funktion, 3. Vorteile

*Text des Referenten; vorgelesen unter Anwendung der Technik des Lesens mit schweifendem Blick. Einleitung gut, kurz und präzise, jedoch fehlt optische Darstellung des neuen Begriffes „Kugelkopf"*

Bei modernen Schreibmaschinen wie z.B. der
IBM 72 ist der bei Schreibmaschinen herkömm-
licher Bauart verwendete Schreibwagen und
Typenkorb mit 44 Hebeln, die durch ein Seg-
ment gehaltert sind, durch einen Kugelkopf
ersetzt. Dieser führt die Bewegung des Typen-
hebels sowie die Relativbewegung Anschlag —
Papier aus. Ich möchte mich hier auf die
Maschine IBM 72 beschränken, da die Systeme
anderer Firmen etwa gleichartig sind.

*zu knapp und daher mißverständlich — „Schreibe", keine Rede!*

. . . . Der Schreibkopf trägt 88 Schriftzeichen
auf 4 Breitenkreisen. Dabei sind die Groß-
und Kleinbuchstaben auf dem gleichen Brei-
tenkreis versetzt um 180 Grad angeordnet.

(IBM-Text: . . . auf dem Schreibkopf sind 88 Schriftzeichen in 4 Bändern untergebracht. Auf jedem Band sind also 22 Zeichen. Auf der vorderen Hälfte des Schreibkopfes finden wir alle ohne Umschaltung zu schreibenden Zeichen. Genau um 180 Grad versetzt und jeweils auf dem gleichen Band finden wir auf der entgegengesetzten Seite die entsprechenden Umschaltzeichen.)



Referent: . . . Geht man von der Grundstellung aus, so steht das kleine „z" im oberen Schriftband vor dem Papier. In diese Stellung läuft die Schreibmaschine nach jedem Anschlag wieder zurück.



(IBM-Text: . . . in Ruhestellung senkrecht zur Schreibwalze steht, finden wir auf dem obersten Band den Buchstaben „z". Diesen Buchstaben zu schreiben ist sehr einfach. Wir brauchen nur einen Mechanismus, der den Schreibkopf gegen die Schreibwalze bringt. Um die unterhalb des „z" sitzenden Buchstaben schreiben zu können, müssen wir den Schreibkopf vorher um eine, zwei oder drei Bandbreiten nach oben schwenken. Diese Bewegung sieht so aus, als ob ein kleines Mädchen einem etwas längeren jungen Mann einen Kuß gibt.)

*Zeichnung im Bildwerfer gezeigt — besser wäre das Hochhalten eines Kugelkopfmodells gewesen, mit dem man mit der Hand die beiden Bewegungen demonstriert?*

Referent: Wird ein Buchstabe gewählt, so muß der Schreibkopf zwei Bewegungen ausführen:
1. Eine Nickbewegung um 0 bis 3 Breitenkreise zum Ansteuern des Schriftbandes,
2. Gleichzeitig eine Rechts- oder Linksbewegung um 0 bis 5 Letternbreiten bis zum gewählten Buchstaben oder Zeichen . . .

An dieser Stelle sei das Beispiel abgebrochen. Es dürfte bereits an diesem Fragment deutlich geworden sein, mit wie wenig Mitteln der Redner einen größeren Effekt seiner Darlegungen hätte erzielen können.

### 6.5. Lernziel- und Lernweg-Analyse

Das folgende Beispiel wurde von Clemens Mangos, Unternehmensberater (BDU), zur Verfügung gestellt und zeigt in klassischer Weise, wie ein Trainer mit Hilfe der Bloomschen Taxonomie, vorgehen kann, um die Zielgruppe zu *informieren* und zu *motivieren*. Aufgabe des Trainers, eines Ingenieurs, war es, im Rahmen des permanenten Trainings-Systems des Unternehmens ein ganztägiges Seminar vorzubereiten und durchzuführen.

Folgende Ausgangssituation lag der Aufgabe zugrunde: Die Verkaufsingenieure (VJ) eines größeren Unternehmens, das gewerbliche Bodenreinigungsmaschinen herstellt und vertreibt, hatten besondere Schwierigkeiten beim Verkauf der kleineren, sog. Ein-Scheiben-Maschinen. Im Vergleich zur Konkurrenz im Verkaufsbereich hatten sie innerhalb des letzten Jahres einen erheblichen Umsatzrückgang zu verzeichnen; gute Verkaufserfolge hatten sie jedoch bei den großen, vollautomatischen Schrubb-

Maschinen mit zwei und mehr Scheiben. Eine Wert- und Problem-Analyse hatte ergeben, daß die Ein-Scheiben-Maschinen den Konkurrenzartikeln technisch völlig ebenbürtig, in manchen Teilen sogar überlegen waren, auch Konditionen und Lieferbedingungen waren gleichgeartet; das Vertriebs- und Kundendienstnetz war in Ordnung.

Feldbeobachtungen und Interviews mit den in Frage kommenden VJ ergaben einen hohen technischen Wissensstand bei diesen Personen sowie eine volle Identifikation mit der technischen Konzeption der großen, vollautomatischen Maschinen. Demgegenüber wurden die kleineren Ein-Scheiben-Maschinen von den VJ als so problemlos empfunden, daß ihr technisches Interesse zu kurz kam. Potentielle Käufer der großen Maschinen sind meist sachlich/technisch orientierte Einkäufer großer Unternehmen; für die kleinen Ein-Scheiben-Maschinen sind hauptsächlich die Inhaber mittlerer und kleiner Reinigungsunternehmen mit stark verkäuferisch orientierter Interessenlage anzusehen.


Von dem Trainer wurde nunmehr folgende Lernzielanalyse erstellt:

*Lernziel 1:*    Die VJ kennen den technischen Aufbau und die problemlose Verwendbarkeit der Ein-Scheiben-Maschine, bezogen auf das Kundeninteresse

*Lernziel 2:*
*(kognitiv)*    Die VJ kennen die speziellen Bedürfnisse der Kundengruppe: kleinere und mittlere Reinigungsunternehmen.

*Lernziel 3:*
*(affektiv)*    Die VJ identifizieren sich mit dem Produkt.


*Lernziel 4:*
*(affektiv und*
*psychomoto-*
*risch)*    Die VJ haben eine positive Einstellung zu den für dieses Produkt in Betracht kommenden Kunden. Sie können kundenbezogen argumentieren und demonstrieren.

Nachdem die Lernziele definiert waren, konnte der Trainer an
die Auswahl und Ausarbeitung der Lernwege gehen und diese
dann in einer einfachen Matrix zueinander beziehen, Bild 10.

| Lernziele LZ / Lernwege LW | kognitiv | LZ 1 | LZ 2 | affektiv | LZ 3 | LZ 4 | psycho-motorisch | LZ 4 |
|---|---|---|---|---|---|---|---|---|
| kognitiv | | F L G<br>F S | F L G<br>F S | | | | | |
| affektiv | | | | | V S<br>F S<br>M T<br>T<br>S | VS<br>F S<br>M T<br>T<br>S | | |
| psycho-motorisch | | | | | | | | M T<br>T<br>S |

Bild 10. Vereinfachte Lernziel-Lernwege-Matrix.

Folgende Schritte mußten für den Seminar-Ablauf vorgesehen
werden:

a) Zur Motivation und zur Erreichung der affektiven LZ 3 und
   4: Audiovisuelle Vorfallstudie — VS — anhand eines didak-
   tisch aufbereiteten echten Vorfalls aus der Praxis zwecks
   Identifikation und Schaffung von Problembewußtsein.

b) Zur Information und Erreichung der kognitiven LZ 1 und 2:
   Foliengesteuertes Lehrgespräch (FLG) zur Erarbeitung des
   Produktwissens und der speziellen Bedürfnisse der Kunden-
   gruppe.

c) Zur Erreichung der affektiven LZ 3 und 4: Erarbeitung einer
   Fallstudie (FS) anhand des Dialogbuches der VS in Gruppenarbeit mit kundenbezogener Argumentation.

d) Zur Erreichung des affektiven und psychomotorischen LZ 4:
Anhand der vorgenannten FS im Wege des micro-teaching
(MT) gleichzeitig Training (T) der Produktdemonstration
und Verkaufsargumentation = Simulation (S) mit echten Ge-
räten.

f) Die Lernkontrolle erfolgt für den kognitiven Bereich durch
Test; für den affektiven und psychomotorischen Bereich
durch Verhaltensbeobachtung anhand strukturierter Check-
listen beim Verhaltenstraining. Nach etwa zwei Monaten
sollte dann eine Lernerfolgskontrolle durch Feldbeobach-
tung folgen.

# Nachwort

Kurz vor Abschluß des Manuskriptes für das vorliegende Buch
fiel mir ein Artikel aus den VDI-Nachrichten in die Hand, in
dem über eine vom Verein Deutscher Ingenieure (VDI) veran-
staltete Tagung berichtet wurde, die sich unter dem Thema
„Aufgaben der Sprache in unserer Zeit" mit der technischen
und naturwissenschaftlichen Kommunikation in Ausbildung und
Beruf befaßte. Eines der sieben auf dieser Tagung gebotenen
Fachreferate, gehalten von Günter Ropohl (Karlsruhe) mit der
Überschrift „Technologische Sprachkompetenz — ein Ziel der
Ingenieurausbildung", beinhaltete so grundlegende Gedanken,
daß einige davon im folgenden zitiert seien:

„. . . daß sich Ingenieure untereinander, wenn es um fachliche
Gegenstände und Probleme geht, großenteils mit nichtverbalen
Ausdrucksmitteln verständigen, zum Beispiel mit technischen
Zeichnungen, Schaubildern, mathematischen Formeln und
Gleichungen, Diagrammen und Tabellen. Wenn man sich die
großen Unterschiede vergegenwärtigt, die zwischen diesen Ausdrucksmitteln und denen der natürlichen Sprache hinsichtlich
Präzision und Eindeutigkeit bestehen, und sich darüber hinaus
die spezifische Ausbildungssituation der Ingenieure vor Augen
führt, . . . dann ist nur allzu verständlich, daß sich der Ingenieur
bei der Versprachlichung seiner von ihm geschaffenen Welt besonders schwer tut. Die Begrenztheit der Ausdruckmittel . . .
macht es dem Ingenieur auch schwer, sich die Fähigkeit anzu-
eignen, technische Sachverhalte und deren Verflechtung mit
natürlicher und gesellschaftlicher Umwelt angemessen und
präzise sprachlich zum Ausdruck zu bringen . . ."

Für die künftige Ingenieurausbildung forderte Ropohl daher zusätzlich die Vermittlung und Pflege einer allgemeinen, über die spezielle Fachsprache hinausgehenden, wirtschafts- und sozialwissenschaftliche Aspekte mit einbegreifenden Sprachkompetenz.

Treffender konnte das in Abschnitt 1 des vorliegenden Buches Dargestellte nicht von kompetenter Seite bestätigt werden, um den Ingenieur darauf hinzuweisen, von welch entscheidender Bedeutung heute und erst recht in der Zukunft seine Bemühungen um Verbesserung der sprachlichen Kommunikation sind. Über die reine Motivation zu dieser Notwendigkeit hinaus jedoch hoffe ich, daß aus meinen Darlegungen eines klar geworden ist: Reden kann man lernen, aber es bedarf der ständigen und fortschreitenden Übung, zu der man sich selbst die Gelegenheiten suchen muß. Das Wort von der ,,Übung, die den Meister macht'' mag abgegriffen erscheinen; für die Kunst des Redens trifft es stets voll und ganz zu.

Frankfurt am Main                                        Gerd Ammelburg

**Schrifttum**

[1] Schleip, Walter: Vom Ingenieur zur Führungskraft. Modernes Wirtschaftswissen für den Ingenieur in leitender Stellung. Düsseldorf: VDI-Verl. 1970.

[2] Vester, Frederic: Denken, Lernen, Vergessen. Was geht in unserem Kopf vor, wie lernt das Gehirn und wann läßt es uns im Stich? Stuttgart: Deutsche Verlagsanstalt GmbH, 1975. (nach der Fernsehreihe — Radio Bremen — auch als 16 mm Farbfilm erhältlich)

[3] Lebert, Norbert: Psychopotenz — Seele programmiert Körper. Zürich, Gütersloh: Bertelsmann Ratgeber-Verl. 1969.

[4] Ammelburg, Gerd: Handbuch der Gesprächsführung. Bessere Techniken für Rede und Diskussion, Konferenz und Versammlung, Verkaufsgespräch und Verhandlung. Frankfurt, New York: Campus-Verl. (vormals Herder + Herder) 1974.

[5] Ueckert, Kakuska u. Nagorny: Psychologie, die uns angeht. (In der Reihe „Aktuelles Wissen", hrsgg. v. Rüdiger Proske) Gütersloh: Verlagsgruppe Bertelsmann o.J.

[6] Ammelburg, Gerd: Die Unternehmens-Zukunft — Strukturen und Führungsstil im Wandel zum 3. Jahrtausend — Freiburg: Haufe Verlag, 4. Aufl. 1991.

[7] Leitner, Sebastian: So lernt man lernen. Angewandte Lernpsychologie — ein Weg zum Erfolg. Freiburg, Basel, Wien: Verl. Herder KG. 1973.

[8] Modenschau der Sprache — Glossen und Aufsätze der Frankfurter Allgemeinen Zeitung über gutes und schlechtes Deutsch. Hrsgg. v. Nikolas Benckiser. Frankfurt/M.: Societäts-Verl. 1969.

[9] Mackensen, Lutz: Gutes Deutsch in Schrift und Rede. Gütersloh: C. Bertelsmann-Verl. 1970.

[10] Gerathewohl, Fritz: Deutsche Redekunst. Bad Homburg v.d.H. Siemens-Lehrgänge, 1955.

[11] Ammelburg, Gerd: Sprechen — Reden — Überzeugen. Gütersloh: Bertelsmann Ratgeber-Verl. 1969.

[12] Süskind, W.E.: Vom ABC zum Sprachkunstwerk — eine deutsche
Sprachlehre für Erwachsene. Stuttgart: Deutsche Verlagsanstalt
1955.

[13] Schmidt, Gerhard: Überzeugen durch Reden — ein Schallplatten-
Seminar zur Sprecherziehung und Rednerschulung mit Handbuch.
Freiburg: Christophorus-Verl. 1971.

[14] Fast, Julius: Körpersprache. Hamburg: Rowohlt Verl. GmbH.
1974.

[15] Büchmann, Georg: Geflügelte Worte — der Zitatenschatz des deutschen Volkes. Erstausgabe Berlin. 1864. Heute in versch. Verl.

[16] Zoozmann, Richard: Zitatenschatz der Weltliteratur — eine Sammlung von Zitaten, Sentenzen, Aphorismen, Epigrammen, Sprich-
wörtern, Redensarten und Aussprüchen. 9. Aufl. Berlin: Verl.
Praktisches Wissen, 1958.

[17] Puntsch, Eberhard: Zitatenhandbuch. 5. Aufl. München: Moderne
Verl. GmbH. 1971.

[18] Schiff, Michael: Das große Handbuch moderner Zitate des XX.
Jahrhunderts. München: Moderne Verl. GmbH. 1968.

[19] Mackensen, Lutz: Zitate — Redensarten — Sprichwörter. Brugg,
Stuttgart, Salzburg: Fackelverl. 1973.

[20] Ammelburg, Gerd: Konferenztechnik — Gruppengespräche —
Workshops — Teamarbeit — Kreativ-Sitzungen, Düsseldorf: VDI-
Verlag, 3. Aufl. 1991.

# Sachwortverzeichnis